KB064050

도형의 신

A단계
초1 과정

개발 책임 이운영

편집 관리 이채원

디자인 이현지 임성자

온라인 강진식

마케팅 박진용

관리 장희정

용지 영지페이퍼

인쇄 제본 벽호 · GKC

유통 북앤북

학습 진도표

학습 내용	주/일	계획		확인 ☑
❶ 여러 가지 모양 찾아보기	1일	월	일	☐
	2일	월	일	☐
	3일	월	일	☐
	4일	월	일	☐
	5일	월	일	☐
❷ 여러 가지 모양 알아보기(1)	1일	월	일	☐
	2일	월	일	☐
	3일	월	일	☐
	4일	월	일	☐
	5일	월	일	☐
❸ 여러 가지 모양 만들기(1)	1일	월	일	☐
	2일	월	일	☐
	3일	월	일	☐
	4일	월	일	☐
	5일	월	일	☐
❹ 여러 가지 모양 알아보기(2)	1일	월	일	☐
	2일	월	일	☐
	3일	월	일	☐
	4일	월	일	☐
	5일	월	일	☐
❺ 여러 가지 모양 만들기(2)	1일	월	일	☐
	2일	월	일	☐
	3일	월	일	☐
	4일	월	일	☐
	5일	월	일	☐
❻ 도형의 규칙 찾기	1일	월	일	☐
	2일	월	일	☐
	3일	월	일	☐
	4일	월	일	☐
	5일	월	일	☐
❼ 비교하기(1)	1일	월	일	☐
	2일	월	일	☐
	3일	월	일	☐
	4일	월	일	☐
	5일	월	일	☐
❽ 비교하기(2)	1일	월	일	☐
	2일	월	일	☐
	3일	월	일	☐
	4일	월	일	☐
	5일	월	일	☐

도형의 신 神

A 단계
초1 과정

구성과 특징

1 학습 내용 미리보기

◆ 이 단원에서 배우게 될 내용을 간단한 미리보기로 확인해 볼 수 있어요.

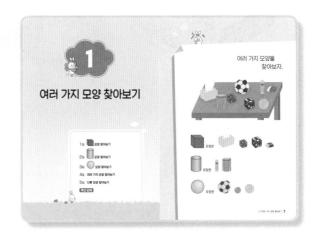

2 개념 학습

◆ 도형을 생활 주변에서 찾아보거나, 다양한 형태의 문제로 학습할 수 있어요.

◆ 매일 2쪽씩 꾸준히 학습하는 습관을 기르면 도형이 더 이상 어렵다고 느껴지지 않을 거예요.

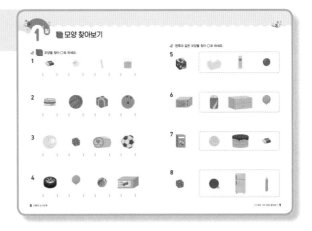

3 확인 문제

◆ 한 주 동안 학습한 내용을 확인해 볼 수 있는 문제를 구성했어요.

◆ 스스로 학습의 성취를 점검해 볼 수 있어요.

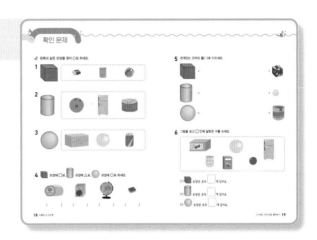

4 형성 평가

◆ 이 책을 마무리하면서 각 단원별로 2쪽씩, 학습 완성도를 점검할 수 있는 문제로 구성했어요.

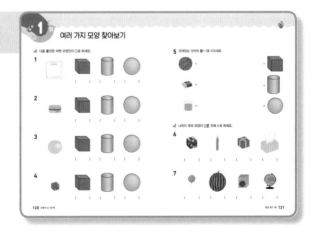

차례

1 여러 가지 모양 찾아보기

여러 가지 모양을
찾아보자.

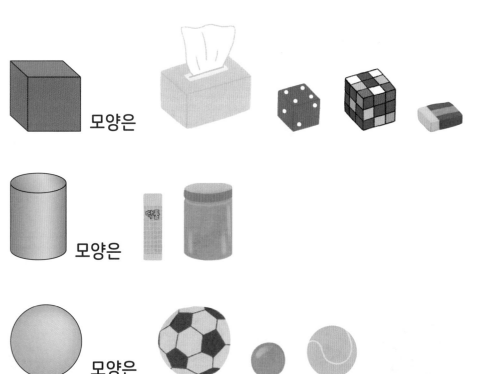

모양은

모양은

모양은

1^일 모양 찾아보기

  모양을 찾아 ○표 하세요.

1

(　　　)　　(　　　)　　(　　　)　　(　　　)

2

(　　　)　　(　　　)　　(　　　)　　(　　　)

3

(　　　)　　(　　　)　　(　　　)　　(　　　)

4

(　　　)　　(　　　)　　(　　　)　　(　　　)

🐰 왼쪽과 같은 모양을 찾아 ○표 하세요.

5

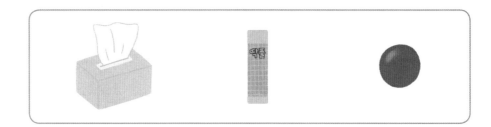

6

7

8

모양 찾아보기

 모양을 찾아 ○표 하세요.

1

(   )   (   )   (   )   (   )

2

(   )   (   )   (   )   (   )

3

(   )   (   )   (   )   (   )

4

(   )   (   )   (   )   (   )

🐰 왼쪽과 같은 모양을 찾아 ○표 하세요.

5

6

7

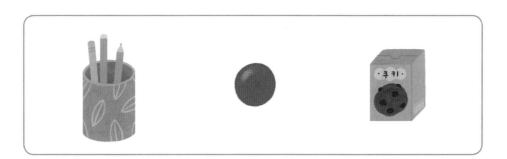

8

3 ^일 모양 찾아보기

  모양을 찾아 ○표 하세요.

1

(   )   (   )   (   )   (   )

2

(   )   (   )   (   )   (   )

3

(   )   (   )   (   )   (   )

4

(   )   (   )   (   )   (   )

🐰 왼쪽과 같은 모양을 찾아 ◯표 하세요.

5

6

7

8

여러 가지 모양 찾아보기

🐰 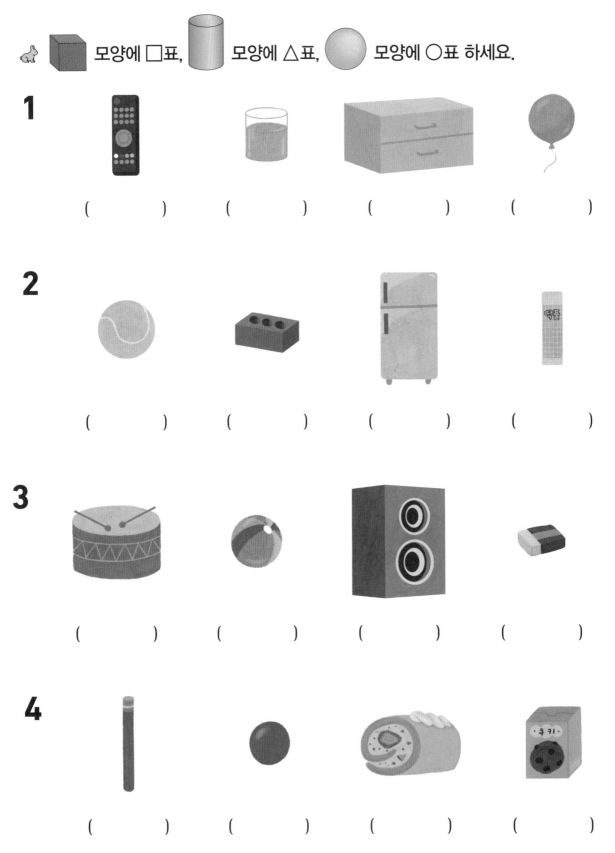 모양에 □표, 모양에 △표, 모양에 ○표 하세요.

1

( ) ( ) ( ) ( )

2

( ) ( ) ( ) ( )

3

( ) ( ) ( ) ( )

4

( ) ( ) ( ) ( )

5 관계있는 것끼리 줄(—)로 이으세요.

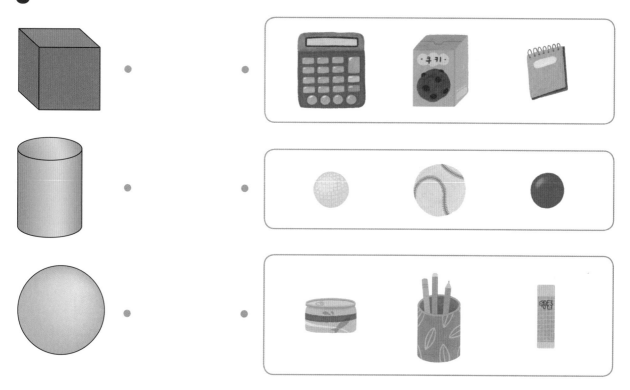

6 관계있는 것끼리 줄(—)로 이으세요.

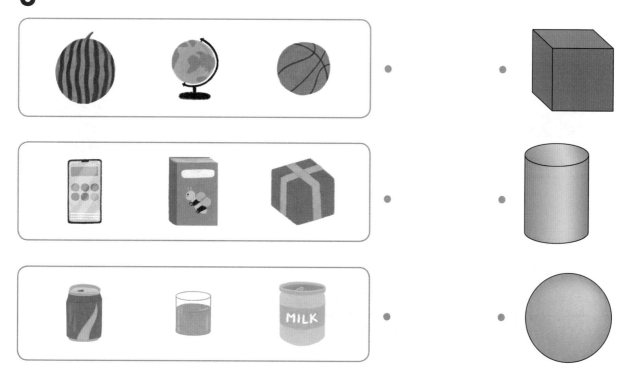

5^일 다른 모양 찾아보기

5 일

 왼쪽과 <u>다른</u> 모양을 찾아 ✕표 하세요.

1
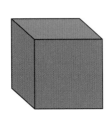
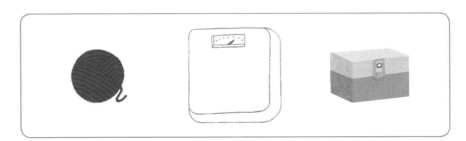

2
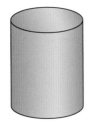
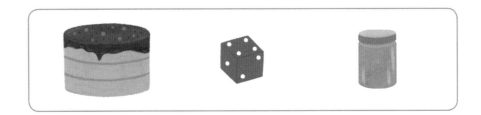

3
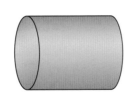
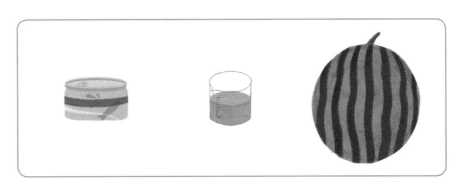

4
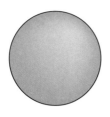
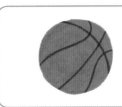

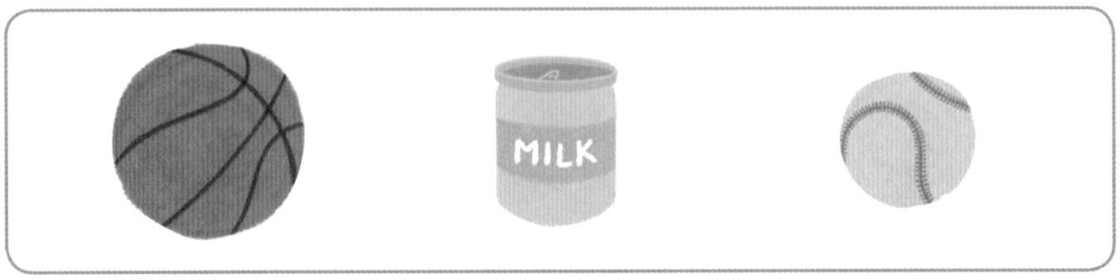

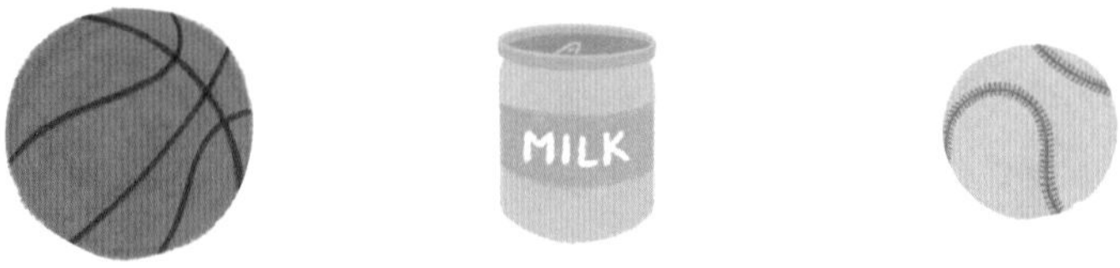

🐰 나머지 셋과 모양이 <u>다른</u> 것에 ✕표 하세요.

5   (   )　　(   )　　(   )　　(   )

6   (   )　　(   )　　(   )　　(   )

7   (   )　　(   )　　(   )　　(   )

8   (   )　　(   )　　(   )　　(   )

🐰 왼쪽과 같은 모양을 찾아 ○표 하세요.

1

2

3

4 모양에 □표, 모양에 △표, 모양에 ○표 하세요.

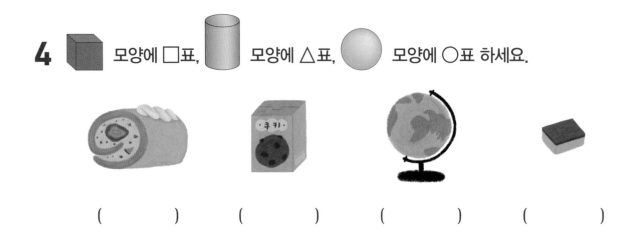

(   )   (   )   (   )   (   )

5 관계있는 것끼리 줄(―)로 이으세요.

6 그림을 보고 ☐ 안에 알맞은 수를 쓰세요.

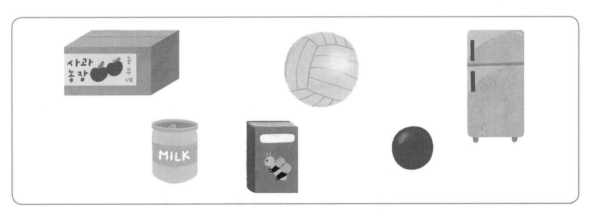

(1) 🟫 모양은 모두 ☐ 개 있어요.

(2) 🥫 모양은 모두 ☐ 개 있어요.

(3) ⚪ 모양은 모두 ☐ 개 있어요.

여러 가지 모양 알아보기 (1)

여러 가지 모양을
알아보자.

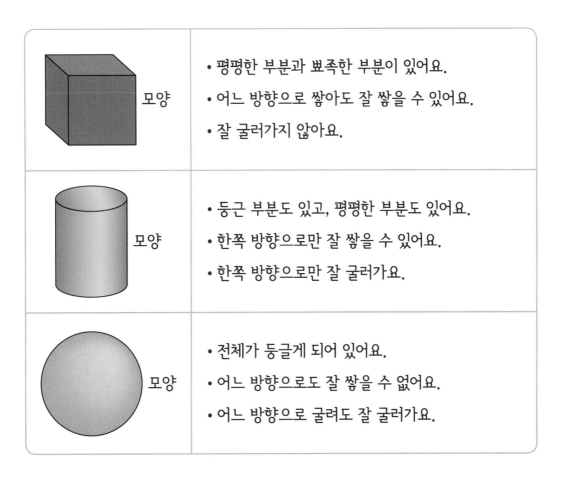

모양	• 평평한 부분과 뾰족한 부분이 있어요. • 어느 방향으로 쌓아도 잘 쌓을 수 있어요. • 잘 굴러가지 않아요.
모양	• 둥근 부분도 있고, 평평한 부분도 있어요. • 한쪽 방향으로만 잘 쌓을 수 있어요. • 한쪽 방향으로만 잘 굴러가요.
모양	• 전체가 둥글게 되어 있어요. • 어느 방향으로도 잘 쌓을 수 없어요. • 어느 방향으로 굴려도 잘 굴러가요.

일부분을 보고 모양 찾기

1 모양의 특징을 알면 모양의 일부분만 보고 어떤 모양인지 알 수 있어요. 상자 구멍에 서 보이는 모양을 보고 알맞은 모양을 찾아 줄(─)로 이으세요.

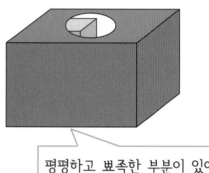

평평하고 뾰족한 부분이 있어 요.

•

•

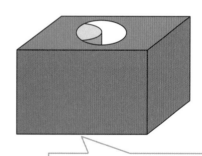

둥근 부분도 있고, 평평한 부 분도 있어요.

•

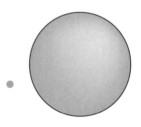

•

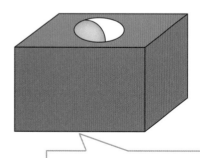

전체가 둥글고 뾰족한 부분이 없어요.

•

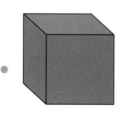

•

🐰 왼쪽과 같은 모양을 찾아 ○표 하세요.

2

(   )   (   )   (   )

3

(   )   (   )   (   )

4

(   )   (   )   (   )

5

(   )   (   )   (   )

여러 가지 모양 알아보기

🐰 다음은 검은 상자 속에 손을 넣어 만진 물건에 대하여 말한 것이에요. 이 물건은 어떤 모양인지 찾아 ○표 하세요.

1

평평한 부분이 6군데 있고 뾰족한 부분도 있는 물건이야.

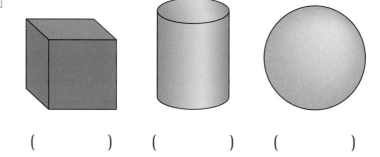

(   ) (   ) (   )

2

옆은 둥글지만 위아래가 평평한 물건이야.

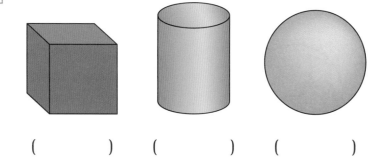

(   ) (   ) (   )

3

전체가 둥글게 되어 있고 뾰족한 부분이 없는 물건이야.

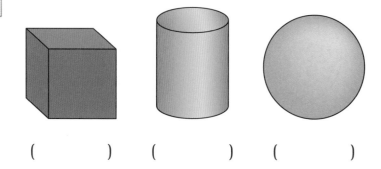

(   ) (   ) (   )

4 평평한 부분과 뾰족한 부분이 모두 있는 물건을 찾아 기호를 쓰세요.

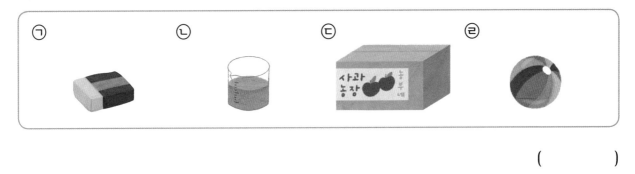

(   )

5 평평한 부분과 둥근 부분이 모두 있는 물건을 찾아 기호를 쓰세요.

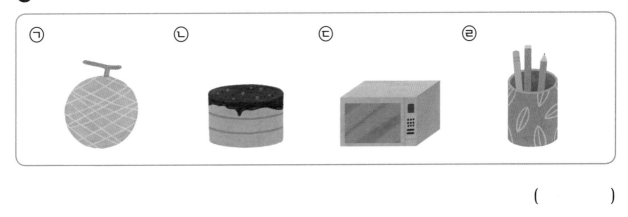

(   )

6 평평한 부분과 뾰족한 부분이 모두 없는 물건을 찾아 기호를 쓰세요.

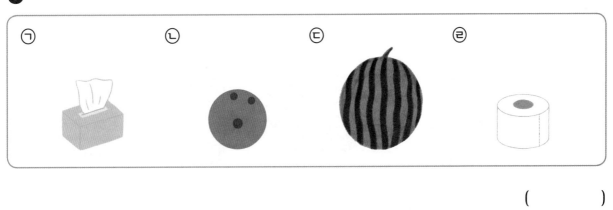

(   )

여러 가지 모양 쌓아보기

🐰 다음은 여러 가지 물건들을 쌓아보면서 말한 것이에요. 어떤 모양인지 찾아 ○표 하세요.

1 어느 방향으로 쌓아도 쉽게 쌓을 수 있어.

 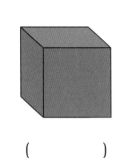  

(   )   (   )   (   )

2 한쪽 방향으로만 쌓을 수 있어.

 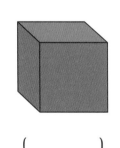  

(   )   (   )   (   )

3 평평한 부분이 없어 잘 쌓을 수 없어.

 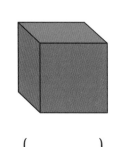  

(   )   (   )   (   )

4 어느 방향으로 쌓아도 쌓기 쉬운 물건을 모두 찾아 기호를 쓰세요.

(   )

5 위로는 잘 쌓을 수 있지만 눕혀서는 잘 쌓을 수 없는 물건을 모두 찾아 기호를 쓰세요.

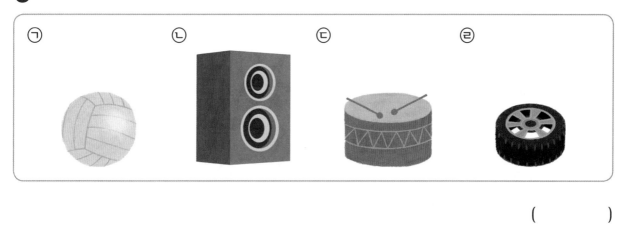

(   )

6 평평한 부분이 없어 잘 쌓을 수 없는 물건을 모두 찾아 기호를 쓰세요.

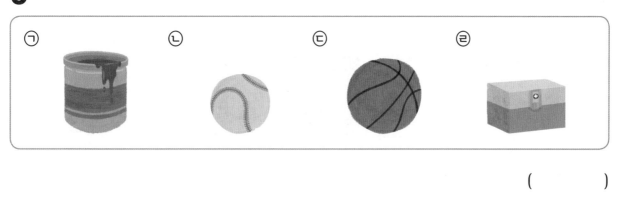

(   )

여러 가지 모양 굴려보기

🐰 다음은 여러 가지 물건들을 굴려보면서 말한 것이에요. 이 물건은 어떤 모양인지 찾아 ○표 하세요.

1

어느 방향으로 굴려도 잘 굴러가는 물건이야.

 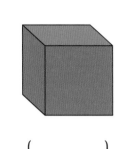  

(   )   (   )   (   )

2

한쪽 방향으로만 잘 굴러가는 물건이야.

 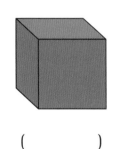  

(   )   (   )   (   )

3

어느 방향으로 굴려도 잘 굴러가지 않는 물건이야.

 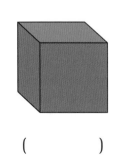  

(   )   (   )   (   )

4 어느 방향으로 굴려도 잘 굴러가는 물건을 모두 찾아 기호를 쓰세요.

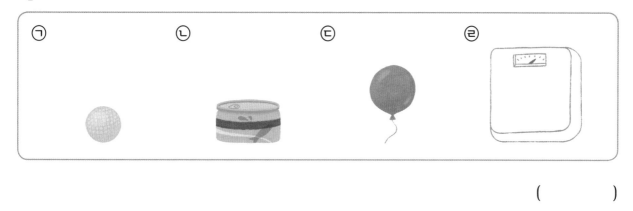

(   )

5 한쪽 방향으로만 잘 굴러가는 물건을 찾아 기호를 쓰세요.

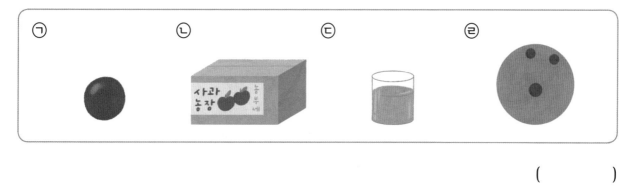

(   )

6 어느 방향으로 굴려도 잘 굴러가지 않는 물건을 모두 찾아 기호를 쓰세요.

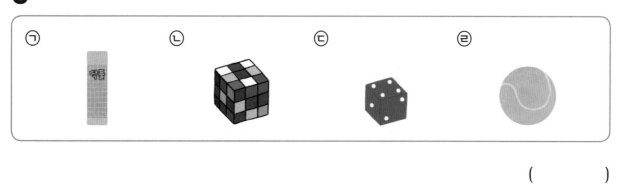

(   )

5 ^일 여러 가지 모양 정리하기

🐰 다음 물건들을 각각의 기준에 따라 정리하려고 해요. 빈칸에 알맞은 기호를 쓰세요.

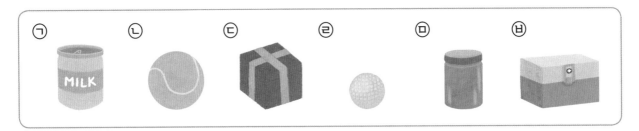

1 평평한 부분이 있는 것과 없는 것으로 나누어 정리해 보세요.

평평한 부분이 있는 것	평평한 부분이 없는 것

2 둥근 부분이 있는 것과 없는 것으로 나누어 정리해 보세요.

둥근 부분이 있는 것	둥근 부분이 없는 것

3 쌓을 수 있는 것과 쌓을 수 없는 것으로 나누어 정리해 보세요.

쌓을 수 있는 것	쌓을 수 없는 것

🐰 다음 물건들을 각각의 기준에 따라 정리하려고 해요. 빈칸에 알맞은 기호를 쓰세요.

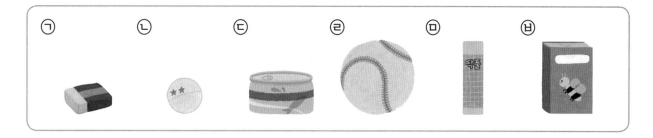

4 뾰족한 부분이 있는 것과 없는 것으로 나누어 정리해 보세요.

뾰족한 부분이 있는 것	뾰족한 부분이 없는 것

5 굴러가는 것과 굴러가지 않는 것으로 나누어 정리해 보세요.

굴러가는 것	굴러가지 않는 것

6 위에서 보았을 때 동그란 모양과 네모난 모양으로 나누어 정리해 보세요.

동그란 모양	네모난 모양

확인 문제

1 관계있는 것끼리 줄(─)로 이으세요.

2 관계있는 것끼리 줄(─)로 이으세요.

한쪽 방향으로 잘 굴러가요.

어느 방향으로도 잘 굴러가요.

잘 굴러가지 않아요.

🐰 다음 설명에 알맞은 모양을 〈보기〉에서 찾아 기호를 쓰세요.

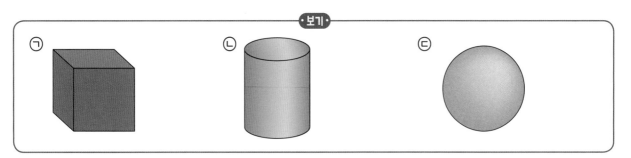

3 | • 평평한 부분이 있어요.
     | • 뾰족한 부분이 있어요.   ⇨ [   ]

4 | • 위로는 잘 쌓을 수 있어요.
     | • 눕혀서는 쌓기 어려워요.   ⇨ [   ]

5 | • 전체가 둥글게 되어 있어요.
     | • 뾰족한 부분이 없어요.   ⇨ [   ]

6 | • 위에서 보면 동그랗고, 옆에서
     | 보면 네모난 모양이에요.   ⇨ [   ]

여러 가지 모양 만들기 (1)

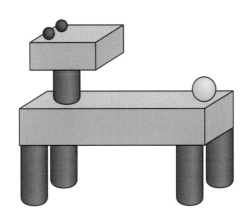 모양, 🥫 모양, ⚪ 모양을 사용하여 여러 가지 모양을 만들어보자.

⬛ , 🥫 , ⚪ 모양을 사용하여 강아지 모양을 만들었어요.

⬛ 모양 : 2개

🥫 모양 : 5개

⚪ 모양 : 3개

사용한 모양 찾아보기

🐰 다음과 같은 모양을 만드는 데 사용한 모양을 찾아 ○표 하세요.

1

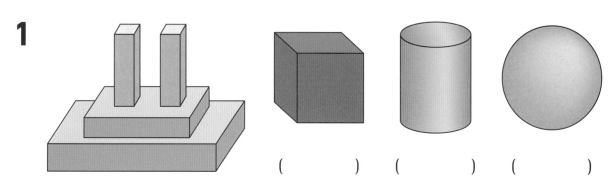

(   ) (   ) (   )

2

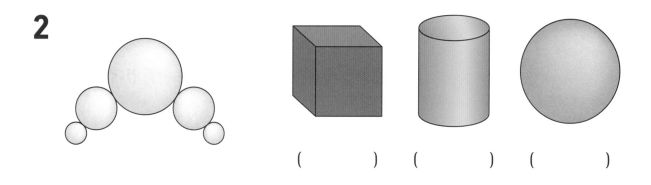

(   ) (   ) (   )

3

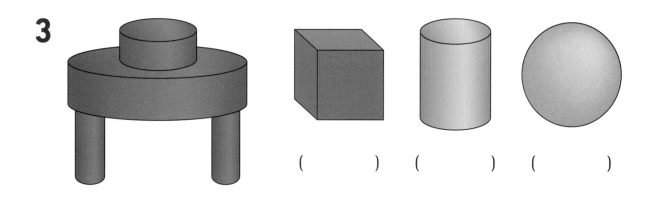

(   ) (   ) (   )

🐰 다음과 같은 모양을 만드는 데 사용하지 <u>않은</u> 모양을 찾아 ◯표 하세요.

4

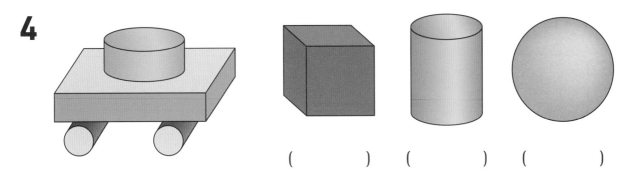

(   )   (   )   (   )

5

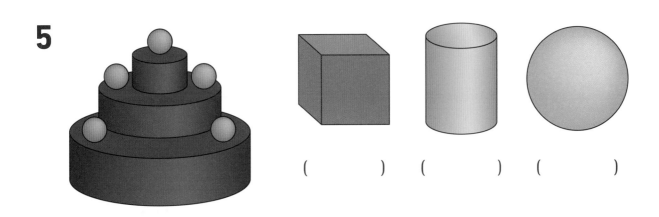

(   )   (   )   (   )

6

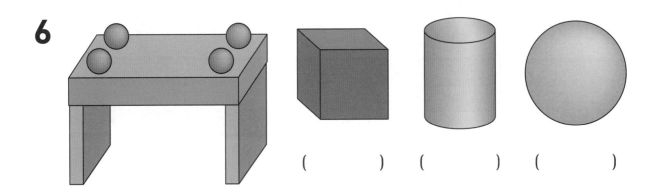

(   )   (   )   (   )

만들 수 있는 모양 찾아보기

🐰 〈보기〉의 모양을 모두 사용하여 만들 수 있는 모양을 찾아 ○표 하세요.

1

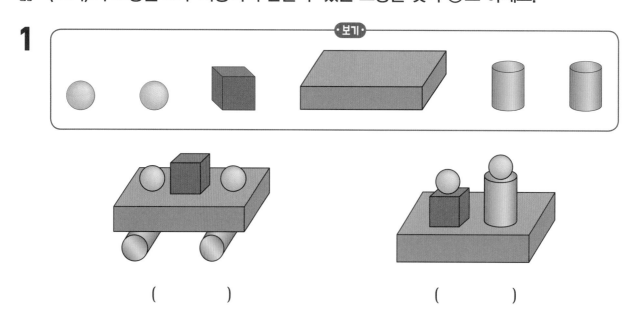

(   )　　　　　　　　(   )

2

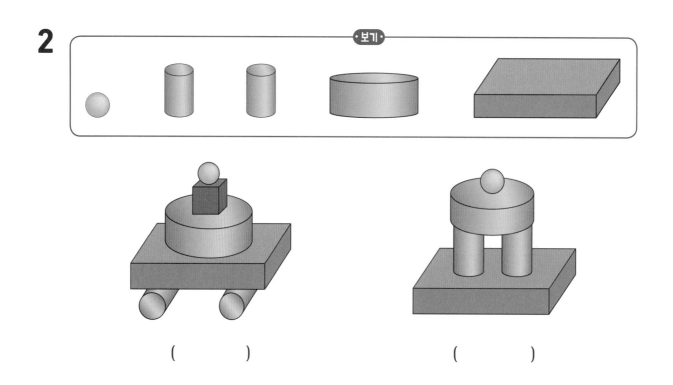

(   )　　　　　　　　(   )

🐰 〈보기〉의 모양을 모두 사용하여 만들 수 있는 모양을 찾아 ○표 하세요.

3

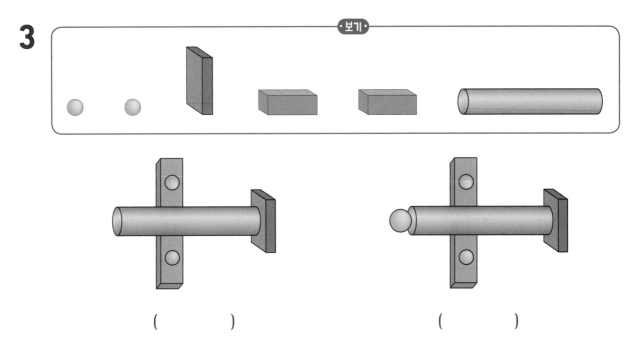

(　　　)　　　　　(　　　)

4

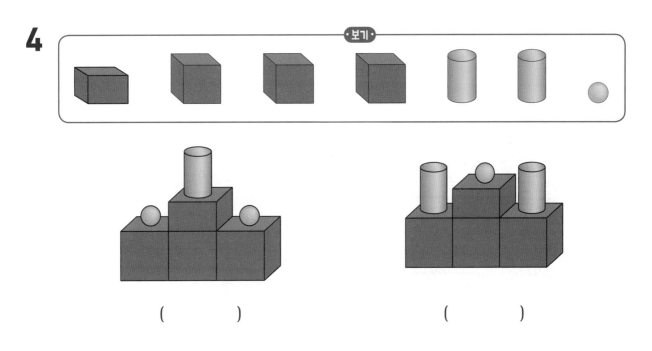

(　　　)　　　　　(　　　)

사용한 모양의 개수 세어 보기

🐰 다음과 같은 모양을 만드는 데 사용한 모양의 개수를 ☐ 안에 쓰세요.

1

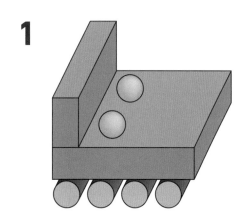

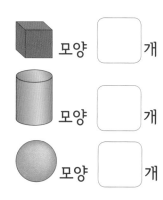

모양 ☐ 개

모양 ☐ 개

모양 ☐ 개

2

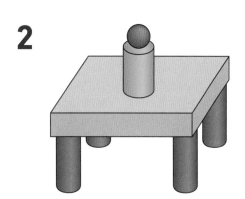

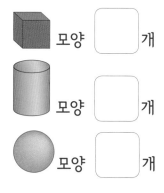

모양 ☐ 개

모양 ☐ 개

모양 ☐ 개

3

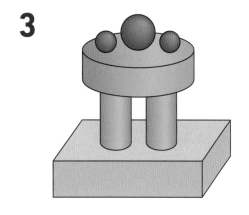

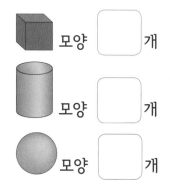

모양 ☐ 개

모양 ☐ 개

모양 ☐ 개

🐰 다음과 같은 모양을 만드는 데 사용한 모양의 개수를 ☐ 안에 쓰세요.

4

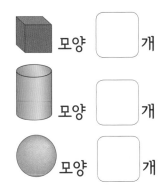

■ 모양 ☐ 개

⬤ 모양 ☐ 개

● 모양 ☐ 개

5

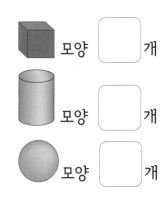

■ 모양 ☐ 개

⬤ 모양 ☐ 개

● 모양 ☐ 개

6

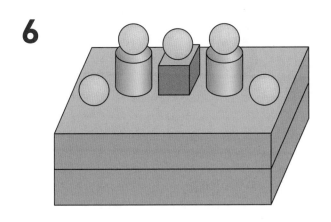

■ 모양 ☐ 개

⬤ 모양 ☐ 개

● 모양 ☐ 개

사용한 모양의 개수 비교하기

🐰 다음과 같은 모양을 만드는 데 사용한 모양의 개수를 □ 안에 쓰고, 가장 많이 사용한 모양을 찾아 ○표 하세요.

1

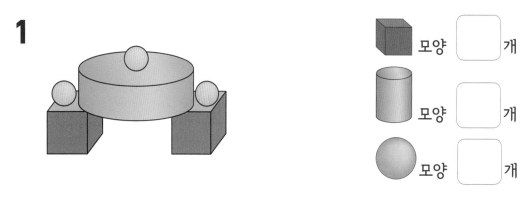

모양 ☐ 개

모양 ☐ 개

모양 ☐ 개

➾ 가장 많이 사용한 모양은

(⬛ , 🛢 , ⚪) 모양이에요.

2

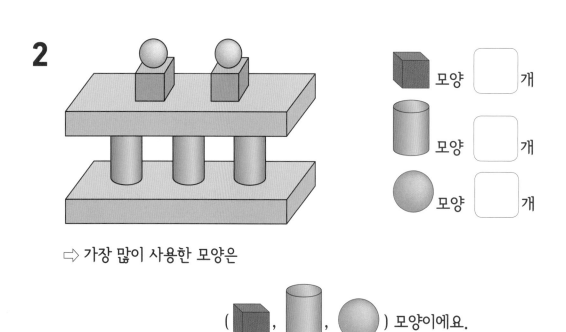

모양 ☐ 개

모양 ☐ 개

모양 ☐ 개

➾ 가장 많이 사용한 모양은

(⬛ , 🛢 , ⚪) 모양이에요.

🐰 다음과 같은 모양을 만드는 데 사용한 모양의 개수를 ☐ 안에 쓰고, 가장 적게 사용한 모양을 찾아 ○표 하세요.

3

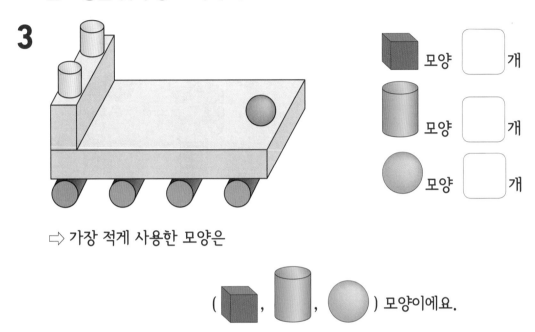

☐ 모양 ☐ 개

☐ 모양 ☐ 개

◯ 모양 ☐ 개

➡ 가장 적게 사용한 모양은

(☐ , ⬤ , ⬤) 모양이에요.

4

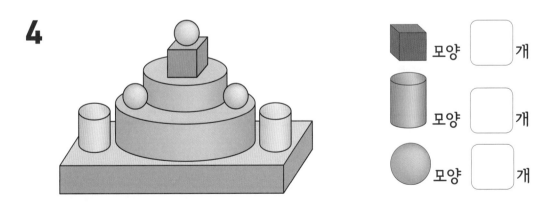

☐ 모양 ☐ 개

☐ 모양 ☐ 개

◯ 모양 ☐ 개

➡ 가장 적게 사용한 모양은

(☐ , ⬤ , ⬤) 모양이에요.

5^일 여러 가지 모양을 만들고 비교하기

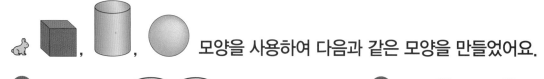

모양을 사용하여 다음과 같은 모양을 만들었어요.

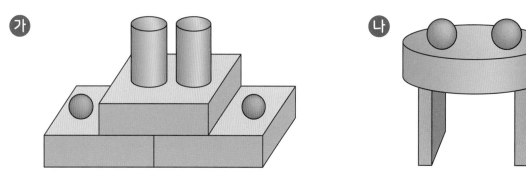

1 가 모양을 만드는 데 사용한 모양의 개수를 쓰세요.

모양	모양	모양

2 나 모양을 만드는 데 사용한 모양의 개수를 쓰세요.

모양	모양	모양

3 가와 나 모양 중 ▨ 모양을 더 많이 사용한 것의 기호를 쓰세요.

(   )

4 모양을 더 많이 사용한 어린이는 누구인지 알아보세요.

지혜　　　　　　　　　　　　미주

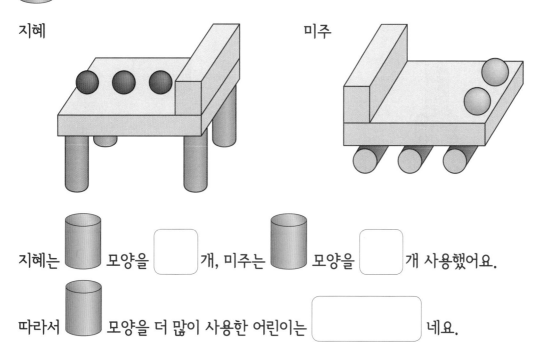

지혜는 ⬤ 모양을 ☐ 개, 미주는 ⬤ 모양을 ☐ 개 사용했어요.

따라서 ⬤ 모양을 더 많이 사용한 어린이는 ☐ 네요.

5 ⬤ 모양을 더 많이 사용한 어린이는 누구인지 알아보세요.

진호　　　　　　　　　　　　영수

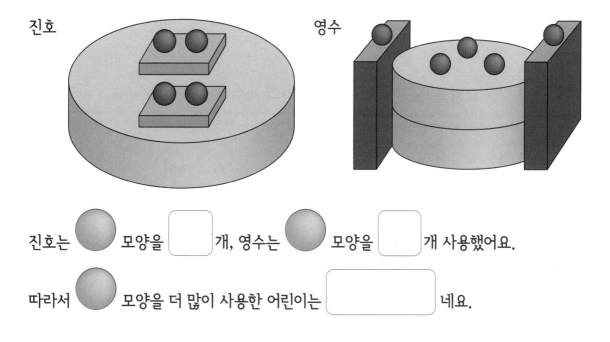

진호는 ⬤ 모양을 ☐ 개, 영수는 ⬤ 모양을 ☐ 개 사용했어요.

따라서 ⬤ 모양을 더 많이 사용한 어린이는 ☐ 네요.

1 다음과 같은 모양을 만드는 데 사용한 모양을 찾아 ○표 하세요.

(   )   (   )   (   )

2 〈보기〉의 모양을 모두 사용하여 만들 수 있는 모양을 찾아 ○표 하세요.

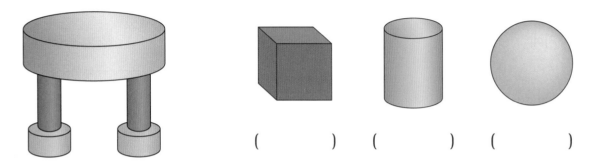

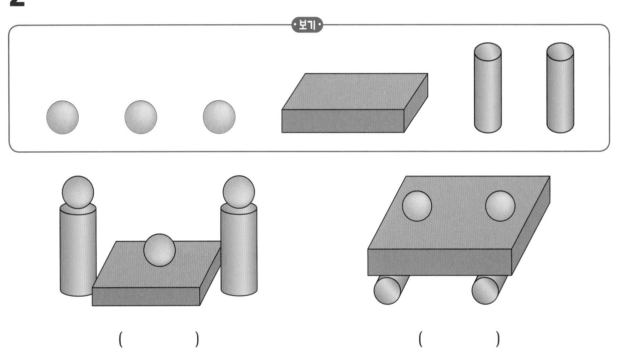

(   )   (   )

3 다음과 같은 모양을 만드는 데 사용한 모양의 개수를 □ 안에 쓰세요.

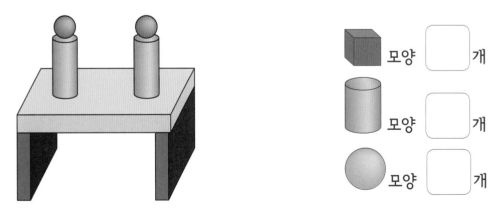

모양 □ 개

모양 □ 개

모양 □ 개

🐰 그림을 보고 물음에 답하세요.

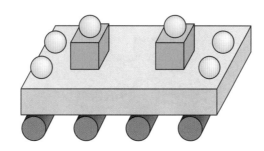

4 모양을 만드는 데 가장 많이 사용한 모양을 찾아 ○표 하세요.

(　　　)　　　(　　　)　　　(　　　)

5 모양을 만드는 데 가장 적게 사용한 모양을 찾아 ○표 하세요.

(　　　)　　　(　　　)　　　(　　　)

6 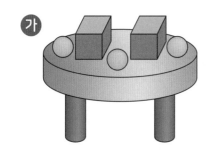 모양을 더 많이 사용한 모양을 찾아 기호를 쓰세요.

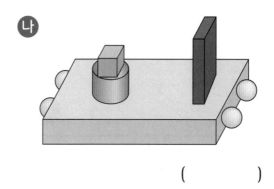

(　　　)

여러 가지 모양 알아보기 (2)

여러 가지 모양을
찾아보자.

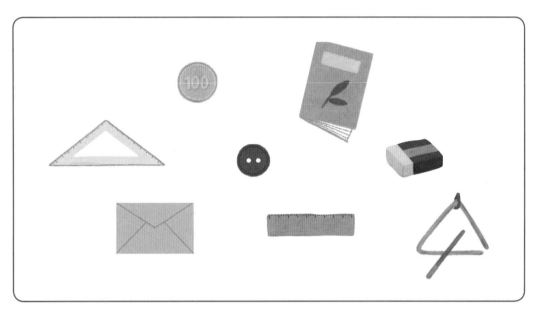

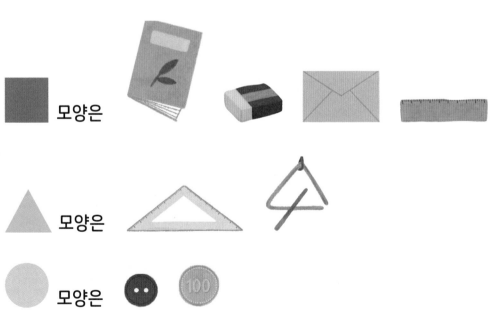

1_일 같은 모양 찾아보기

🐰 다음 물건에서 찾을 수 있는 모양을 찾아 ○표 하세요.

1

()

2

()

3

()

4

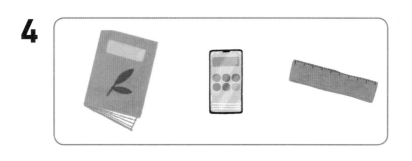

(■, ▲, ●)

🐰 왼쪽과 같은 모양의 물건을 찾아 ○표 하세요.

5

6

7

8

같은 모양끼리 모으기

🐰 그림을 보고 같은 모양끼리 모아 빈칸에 기호를 쓰세요.

1

모양	
▲ 모양	
● 모양	

2

모양	
▲ 모양	
● 모양	

🐰 그림을 보고 같은 모양의 물건끼리 모아 빈칸에 기호를 쓰세요.

3

| ㉠ | ㉡ | ㉢ | ㉣ |
| ㉤ | ㉥ | ㉦ | ㉧ |

■ 모양	
▲ 모양	
● 모양	

4

| ㉠ | ㉡ | ㉢ | ㉣ |
| ㉤ | ㉥ | ㉦ | ㉧ |

위험
DANGER

■ 모양	
▲ 모양	
● 모양	

본뜬 모양 찾아보기

1 책을 종이 위에 대고 본뜬 모양을 찾아 ○표 하세요.

(   )   (   )   (   )

2 동전을 종이 위에 대고 본뜬 모양을 찾아 ○표 하세요.

(   )   (   )   (   )

3 삼각김밥을 종이 위에 대고 본뜬 모양을 찾아 ○표 하세요.

(   )   (   )   (   )

4 통조림을 종이 위에 대고 본뜬 모양을 찾아 ○표 하세요.

(   )   (   )   (   )

5 관계있는 것끼리 줄(─)로 이으세요.

6 모양 찍기를 할 때, ■, ▲, ● 모양을 찍기 위해 필요한 물건을 찾아 줄 (─)로 이으세요.

설명을 보고 모양 찾아보기

🐰 다음 설명에 맞는 모양을 찾아 ○표 하세요.

1

뾰족한 부분을 찾아보면 3군데가 있어.

(   ) (   ) (   )

2

뾰족한 부분을 찾아보면 4군데가 있어.

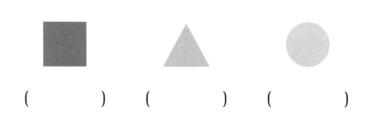

(   ) (   ) (   )

3

뾰족한 부분이 한 군데도 없어.

(   ) (   ) (   )

🐰 여러 가지 물건을 보고 물음에 답하세요.

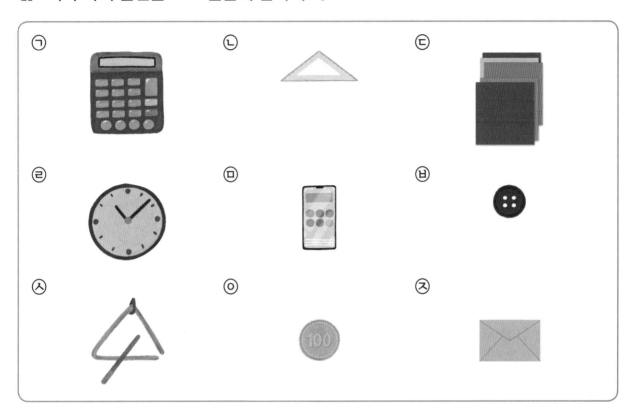

4 본을 떴을 때, 반듯한 선이 4개 있는 물건을 모두 찾아 기호를 쓰세요.

(   )

5 본을 떴을 때, 반듯한 선이 3개 있는 물건을 모두 찾아 기호를 쓰세요.

(   )

6 본을 떴을 때, 반듯한 선과 뾰족한 부분이 없는 물건을 모두 찾아 기호를 쓰세요.

(   )

여러 가지 모양 그려 보기

1 점 종이 위에 서로 다른  모양 2개를 완성해 보세요.

2 점 종이 위에 서로 다른 ▲ 모양 2개를 완성해 보세요.

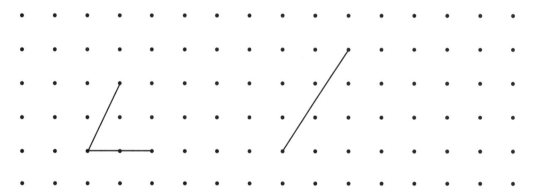

3 점 종이 위에 ■ 모양 1개와 ▲ 모양 1개를 그려 보세요.

4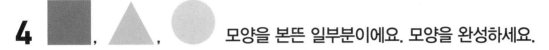

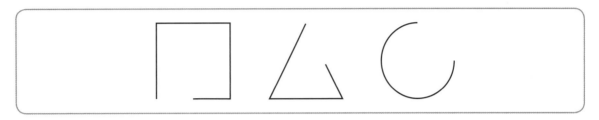

5 어떤 모양의 일부분을 그린 것을 보고 알맞은 모양을 찾아 줄(─)로 이으세요.

6 어떤 모양의 일부분을 그린 것을 보고 〈보기〉에서 같은 모양의 물건을 찾아 기호를 쓰세요.

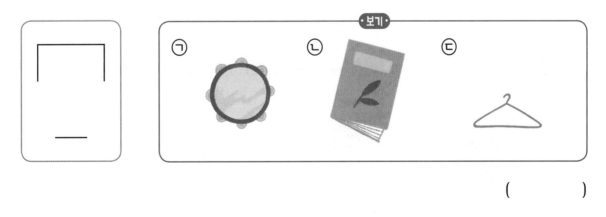

(   )

확인 문제

🐰 왼쪽과 같은 모양의 물건을 찾아 ◯표 하세요.

1

2

3

4 물감을 묻혀 찍기를 할 때, 나올 수 <u>없는</u> 모양을 찾아 ◯표 하세요.

(   )　　(   )　　(   )

5 설명하는 모양을 찾아 줄(—)로 이으세요.

뾰족한 부분이 3군데 있어요.	•		•	■
뾰족한 부분이 4군데 있어요.	•		•	▲
뾰족한 부분이 없어요.	•		•	●

6 물건이 가려져서 일부분만 보여요. 어떤 모양인지 찾아 ○표 하세요.

(   )   (   )   (   )

7 오른쪽은 왼쪽의 물건과 같은 모양의 일부분이에요. 모양을 완성하세요.

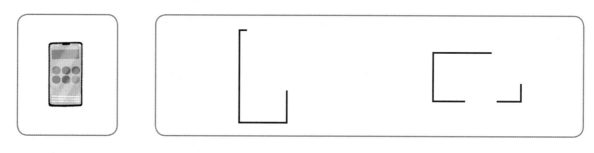

여러 가지 모양 만들기 (2)

 ▲, ● 모양을 사용하여
여러 가지 모양을 꾸밀 수 있어요.

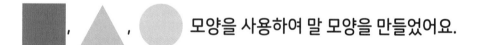, ▲, ● 모양을 사용하여 말 모양을 만들었어요.

■ 모양 : 4개

▲ 모양 : 1개

● 모양 : 1개

점선을 따라 자른 모양
알아보기

🐰 점선을 따라 자르면 어떤 모양이 나오는지 찾아 ◯표 하고, ☐ 안에 그 모양의 개수를 쓰세요.

1

(■ , ▲ , ●) 모양   ☐ 개

2

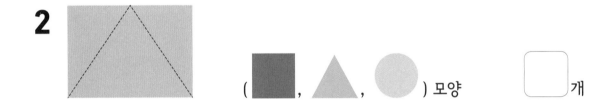

(■ , ▲ , ●) 모양   ☐ 개

3

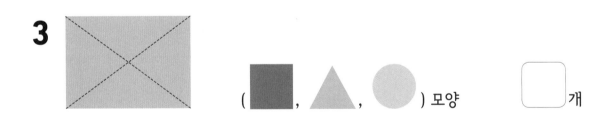

(■ , ▲ , ●) 모양   ☐ 개

4

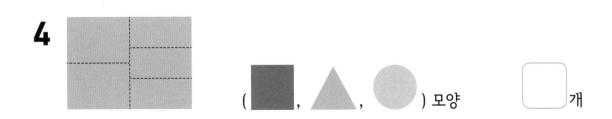

(■ , ▲ , ●) 모양   ☐ 개

5 색종이를 다음과 같이 접은 다음 펼쳐서 접힌 선을 따라 잘랐을 때 생기는 모양을 찾아 ○표 하세요.

6 색종이를 다음과 같이 접은 다음 펼쳐서 접힌 선을 따라 잘랐을 때 생기는 모양을 찾아 ○표 하세요.

7 색종이를 다음과 같이 한 번 접은 후 점선을 따라 잘랐을 때 생기는 모양을 찾아 ○표 하세요.

사용한 모양 찾아보기

🐰 다음과 같은 모양을 꾸미는 데 사용한 모양을 찾아 ○표 하세요.

1

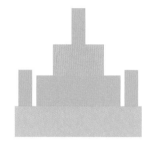

(   )   (   )   (   )

2

(   )   (   )   (   )

3

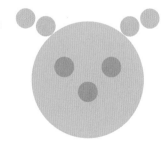

(   )   (   )   (   )

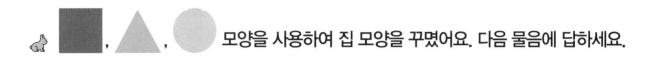
, , 모양을 사용하여 집 모양을 꾸몄어요. 다음 물음에 답하세요.

4 지붕을 꾸미는 데 사용한 모양을 찾아 ○표 하세요.

( ) ( ) ( )

5 굴뚝과 문을 꾸미는 데 사용한 모양을 찾아 ○표 하세요.

( ) ( ) ( )

6 문고리와 연기를 꾸미는 데 사용한 모양을 찾아 ○표 하세요.

( ) ( ) ( )

만들 수 있는 모양 찾아보기

🐰 〈보기〉의 모양을 모두 사용하여 꾸밀 수 있는 모양을 찾아 ○표 하세요.

1

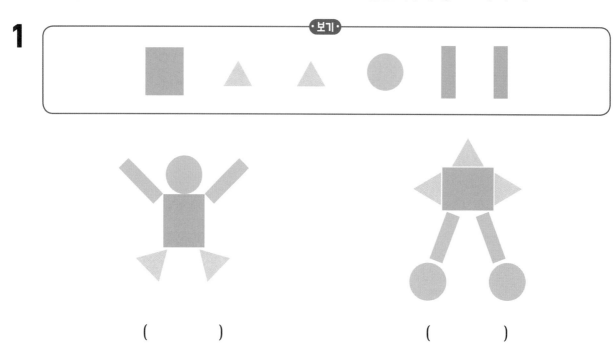

(   )   (   )

2

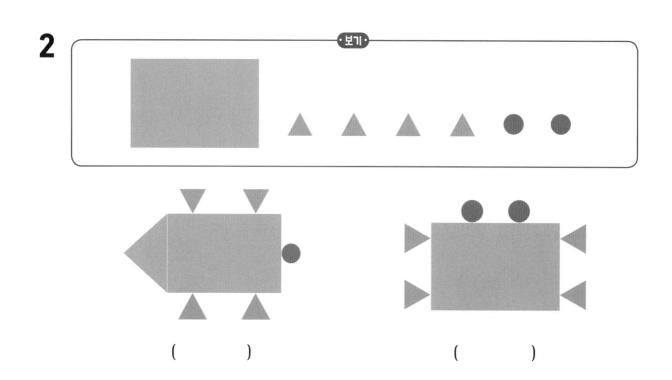

(   )   (   )

주어진 모양을 사용하여 다음과 같은 모양을 꾸몄어요. 사용하지 <u>않은</u> 모양을 찾아
✕표 하세요.

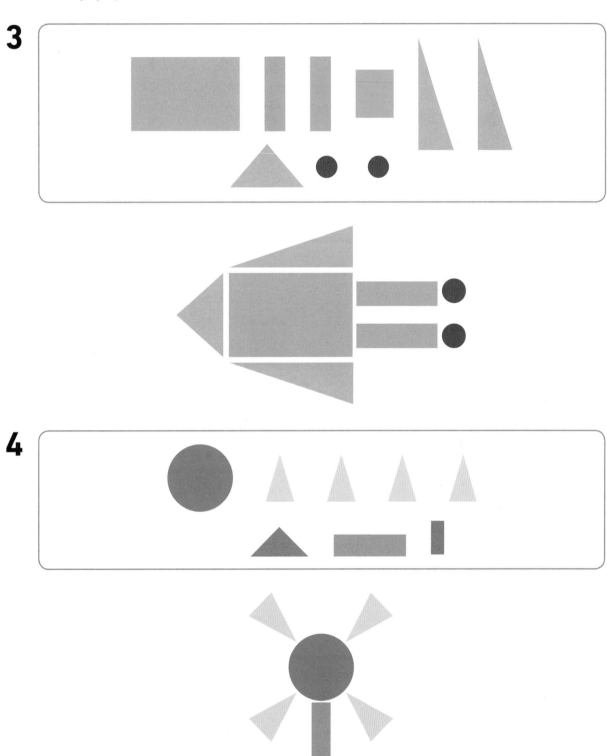

사용한 모양의 개수 세어 보기

🐰 다음과 같은 모양을 꾸미는 데 사용한 모양의 개수를 ☐ 안에 쓰세요.

1

■ 모양 ☐ 개

▲ 모양 ☐ 개

● 모양 ☐ 개

2

■ 모양 ☐ 개

▲ 모양 ☐ 개

● 모양 ☐ 개

3

■ 모양 ☐ 개

▲ 모양 ☐ 개

● 모양 ☐ 개

🐰 다음과 같은 모양을 꾸미는 데 사용한 모양의 개수를 □ 안에 쓰세요.

4

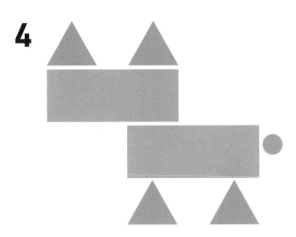

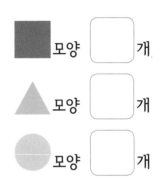

■ 모양 [ ] 개

▲ 모양 [ ] 개

● 모양 [ ] 개

5

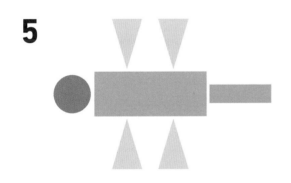

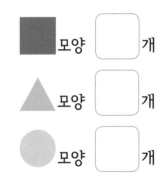

■ 모양 [ ] 개

▲ 모양 [ ] 개

● 모양 [ ] 개

6

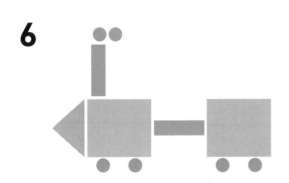

■ 모양 [ ] 개

▲ 모양 [ ] 개

● 모양 [ ] 개

사용한 모양의 개수 비교하기

🐰 다음과 같은 모양을 꾸미는 데 사용한 모양의 개수를 □ 안에 쓰고, 가장 많이 사용한 모양을 찾아 ○표 하세요.

1

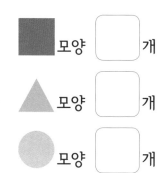

■ 모양 [ ] 개

▲ 모양 [ ] 개

● 모양 [ ] 개

⇨ 모양을 꾸미는 데 가장 많이 사용한 모양은

(■ , ▲ , ●) 모양이에요.

2

■ 모양 [ ] 개

▲ 모양 [ ] 개

● 모양 [ ] 개

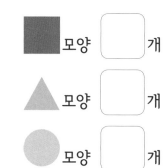

⇨ 모양을 꾸미는 데 가장 많이 사용한 모양은

(■ , ▲ , ●) 모양이에요.

다음과 같은 모양을 꾸미는 데 사용한 모양의 개수를 □ 안에 쓰고, 가장 적게 사용한 모양을 찾아 ◯표 하세요.

3

■ 모양 □ 개

▲ 모양 □ 개

● 모양 □ 개

⇨ 모양을 꾸미는 데 가장 적게 사용한 모양은

(■ , ▲ , ●) 모양이에요.

4

■ 모양 □ 개

▲ 모양 □ 개

● 모양 □ 개

⇨ 모양을 꾸미는 데 가장 적게 사용한 모양은

(■ , ▲ , ●) 모양이에요.

🐰 점선을 따라 자르면 어떤 모양이 나오는지 찾아 ○표 하고, □ 안에 그 모양의 개수를 쓰세요.

1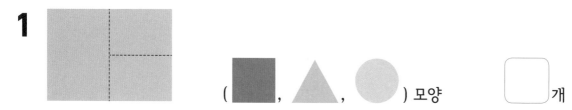

(■ , ▲ , ●) 모양   □ 개

2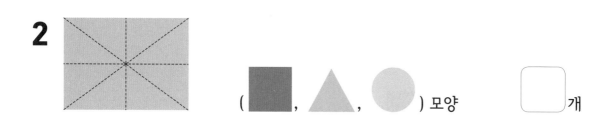

(■ , ▲ , ●) 모양   □ 개

3 주어진 모양을 사용하여 다음과 같은 모양을 꾸몄어요. 사용하지 <u>않은</u> 모양을 찾아 ✕표 하세요.

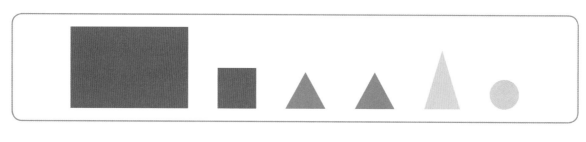

4 다음과 같은 모양을 꾸미는 데 사용한 모양의 개수를 □ 안에 쓰세요.

	모양		개
▲	모양		개
●	모양		개

🐰 그림을 보고 물음에 답하세요.

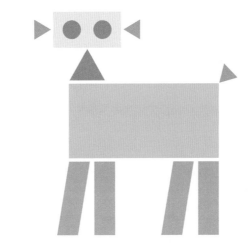

5 모양을 꾸미는 데 가장 많이 사용한 모양에 ○표 하세요.

(   ) (   ) (   )

6 모양을 꾸미는 데 가장 적게 사용한 모양에 ○표 하세요.

(   ) (   ) (   )

도형의 규칙 찾기

반복되는 도형에서 규칙을 찾아보자.

➡  모양과 ⬜ 모양이 반복되는 규칙이에요.

➡ ⬛ 모양, ▲ 모양, ⬤ 모양이 반복되는 규칙이에요.

무늬에서 색칠된 규칙을 찾아보자.

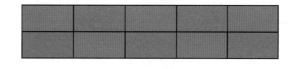

➡ 빨간색과 파란색이 반복되는 규칙이에요.

반복되는 모양의 규칙 찾기 (1)

🐰 반복되는 규칙을 찾아 보세요.

1

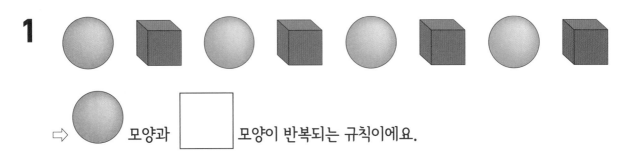

⇨ ⬤ 모양과 ☐ 모양이 반복되는 규칙이에요.

2

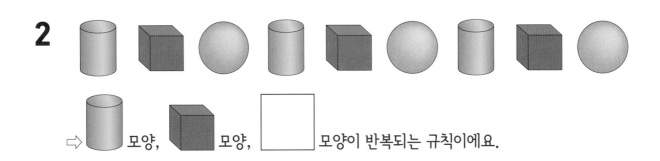

⇨ 모양, 모양, ☐ 모양이 반복되는 규칙이에요.

3

⇨ 🔺 모양, ☐ 모양이 반복되는 규칙이에요.

4

⇨ 모양, ☐ 모양, ⬤ 모양이 반복되는 규칙이에요.

🐰 반복되는 부분을 찾아 왼쪽에서부터 ⬭로 묶어 보세요.

5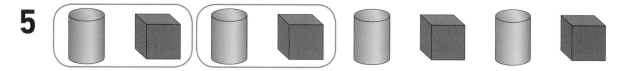

6

7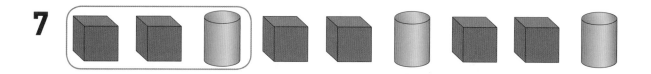

8

9

반복되는 모양의 규칙 찾기 (2)

🐰 규칙에 따라 ☐ 안에 알맞은 모양을 찾아 그려 보세요.

1

2

3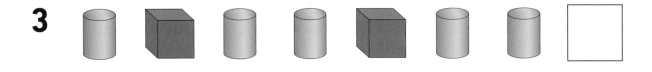

4

5

🐰 □ 안에 알맞은 모양의 물건을 찾아 기호를 쓰세요.

6 ■ ● ■ ● ■ ● ■ ● □

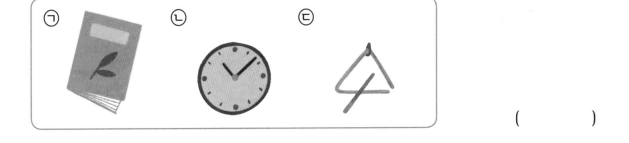

(   )

7 ● ■ ▲ ● ■ ▲ ● ■ □

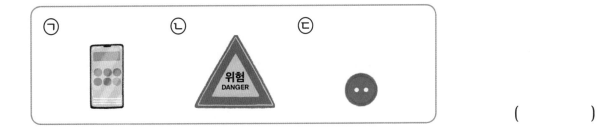

(   )

8 ● ▲ ■ ■ ● ▲ ■ ■ □

(   )

3 ^일 규칙을 찾아 색칠하기

🐰 규칙에 따라 알맞은 색으로 색칠해 보세요.

1

2

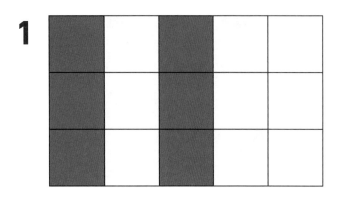

3

🐰 규칙에 따라 색칠해 보세요.

4

5

6

7

반복되는 모양과 색깔의 규칙 찾기

🐰 반복되는 모양과 반복되는 색깔의 규칙을 찾아 보세요.

1

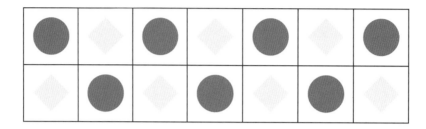

(1) 모양의 규칙을 찾아보면 ● 모양과 ☐ 모양이 반복되고 있어요.

(2) 색깔의 규칙을 찾아보면 빨간색과 ☐ 이 반복되고 있어요.

2

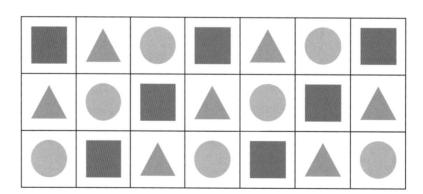

(1) 모양의 규칙을 찾아보면 ■ 모양, ▲ 모양, ☐ 모양이 반복되고 있어요.

(2) 색깔의 규칙을 찾아보면 빨간색, 파란색, ☐ 이 반복되고 있어요.

🐰 규칙에 따라 빈칸에 알맞은 모양을 그리고 색칠해 보세요.

3

△	■	△	■	△	■	
■	△	■	△			

4

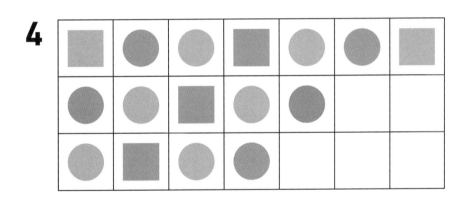

5

	△	△		■	△	
●	■		△	●		△
△		■	△			
	△	●				

규칙을 만들어 무늬 꾸미기

🐰 〈보기〉를 이용하여 규칙에 따라 무늬를 꾸며 보세요.

1

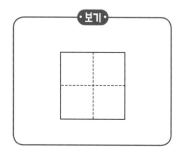

2

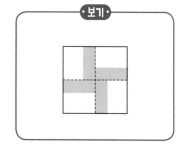　　　　　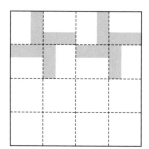

3

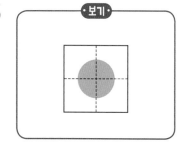　　　　　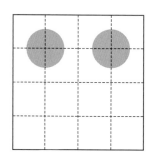

4 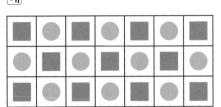 모양으로 규칙을 만들어 무늬를 꾸며 보세요.

예

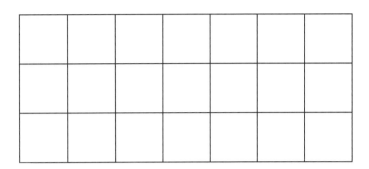

5 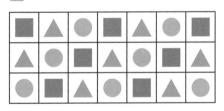 모양으로 규칙을 만들어 무늬를 꾸며 보세요.

예

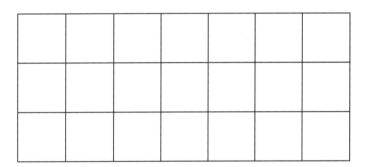

6  모양을 이용하여 규칙을 만들어 무늬를 꾸며 보세요.

예

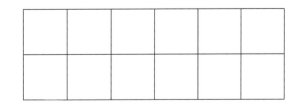

확인 문제

1 반복되는 부분을 찾아 왼쪽에서부터 ⬭ 로 묶어 보세요.

2 규칙에 따라 □ 안에 알맞은 모양을 찾아 그려 보세요.

3 □ 안에 알맞은 모양의 물건을 찾아 기호를 쓰세요.

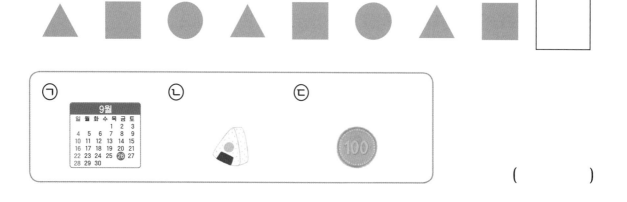

(   )

4 규칙에 따라 색칠해 보세요.

5 규칙에 따라 빈칸에 알맞은 모양을 그리고 색칠해 보세요.

▲	●	■	▲	●	■	▲
●	■	▲				

6  모양을 이용하여 규칙을 만들어 무늬를 꾸며 보세요.

예

비교하기 (1)

길이를 비교해 보자.

- 두 물건의 길이를 비교할 때에는 '더 길다', '더 짧다'로 나타내요.

- 세 물건의 길이를 비교할 때에는 '가장 길다', '가장 짧다'로 나타내요.

⇨ 가장 길다

⇨ 가장 짧다

높이를 비교해 보자.

- 두 물건의 높이를 비교할 때에는 '더 높다', '더 낮다'로 나타내요.

- 두 사람의 키를 비교할 때에는 '더 크다', '더 작다'로 나타내요.

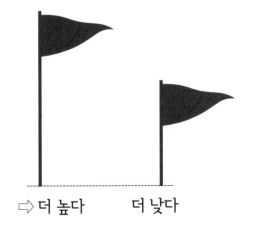

⇨ 더 높다　　더 낮다

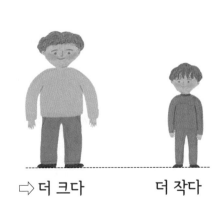

⇨ 더 크다　　더 작다

길이 비교하기 (1)

🐰 더 긴 것에 ○표 하세요.

1

(   )

(   )

2

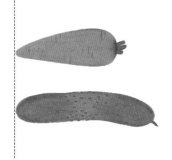

(   )

(   )

3

(   )

(   )

4

(   )

(   )

🐰 더 짧은 것에 △표 하세요.

5　　　(　　)

　　　(　　)

6　　　(　　)

　　　(　　)

7　　　(　　)

　　　(　　)

8　　　(　　)

　　　(　　)

길이 비교하기 (2)

🐰 가장 긴 것에 ○표, 가장 짧은 것에 △표 하세요.

1

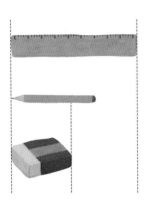

(   )

(   )

(   )

2

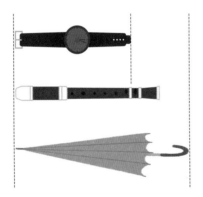

(   )

(   )

(   )

3

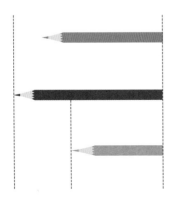

(   )

(   )

(   )

🐰 가장 긴 것부터 차례대로 1, 2, 3을 쓰세요.

4

(   )

(   )

(   )

5

(   )

(   )

(   )

6

(   )

(   )

(   )

3일 높이 비교하기 (1)

🐰 더 높은 것에 ◯표 하세요.

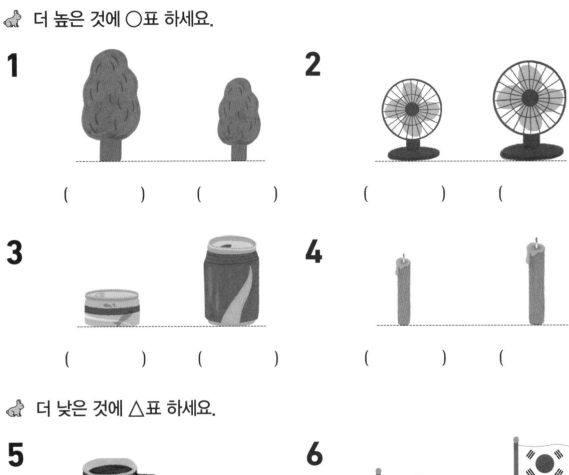

1

( ) ( )

2

( ) ( )

3

( ) ( )

4

( ) ( )

🐰 더 낮은 것에 △표 하세요.

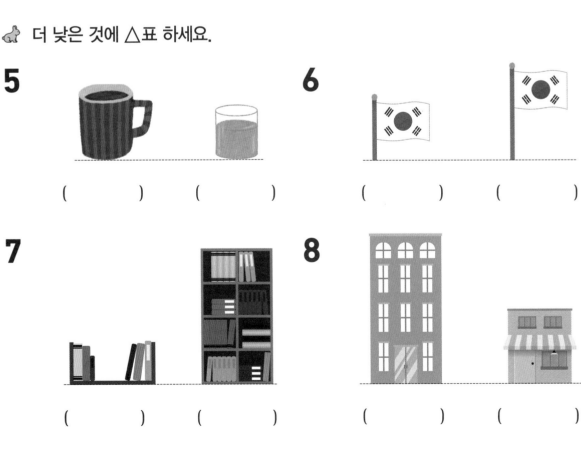

5

( ) ( )

6

( ) ( )

7

( ) ( )

8

( ) ( )

🐰 가장 높은 것에 ○표, 가장 낮은 것에 △표 하세요.

9

(   )   (   )   (   )

10

(   )   (   )   (   )

11

(   )   (   )   (   )

높이 비교하기 (2)

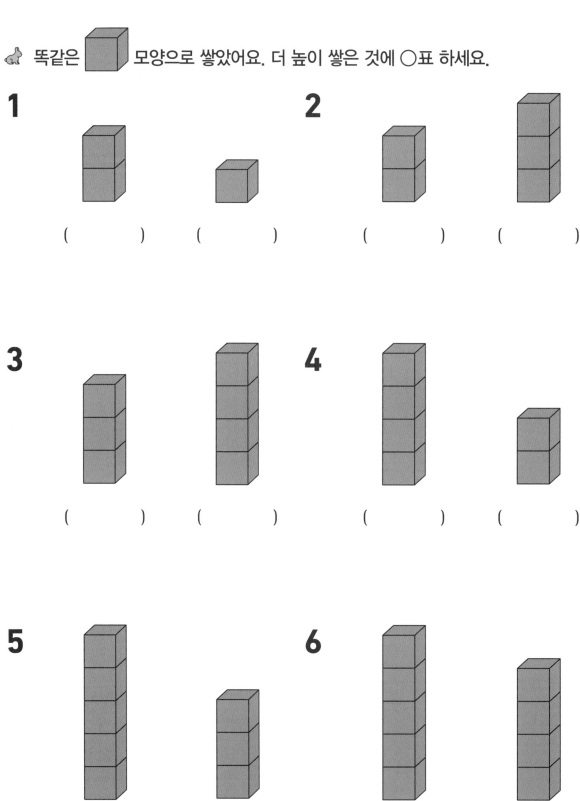

🐰 똑같은 ⬜ 모양으로 쌓았어요. 더 높이 쌓은 것에 ○표 하세요.

1

( ) ( )

2

( ) ( )

3

( ) ( )

4

( ) ( )

5

( ) ( )

6

( ) ( )

🐰 똑같은 ⬛ 모양으로 쌓았어요. 가장 높이 쌓은 것에 ○표, 가장 낮게 쌓은 것에 △표 하세요.

7

(   )　　　　(   )　　　　(   )

8

(   )　　　　(   )　　　　(   )

9

(   )　　　　(   )　　　　(   )

키 비교하기

🐰 키가 더 큰 사람을 찾아 ◯표 하세요.

1

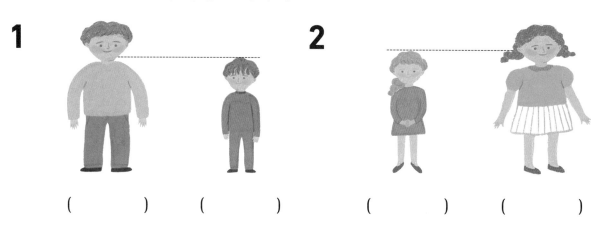

( ) ( ) **2** ( ) ( )

3

( ) ( ) **4** ( ) ( )

5

( ) ( ) **6** ( ) ( )

🐰 키가 가장 큰 사람에 ◯표, 가장 작은 사람에 △표 하세요.

7

(   )   (   )   (   )

8

(   )   (   )   (   )

9

(   )   (   )   (   )

1 더 긴 것에 ○표 하세요.

(   )

(   )

2 더 짧은 것에 △표 하세요.

(   )

(   )

3 가장 긴 것에 ○표, 가장 짧은 것에 △표 하세요.

(   )

(   )

(   )

4 가장 긴 것부터 차례대로 1, 2, 3을 쓰세요.

(   )

(   )

(   )

🐰 더 높은 것에 ○표 하세요.

5

(   )   (   )

6

(   )   (   )

7 가장 높은 것에 ○표, 가장 낮은 것에 △표 하세요.

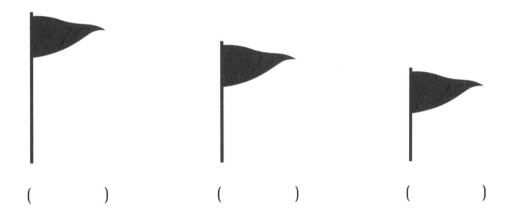

(   )   (   )   (   )

8 키가 가장 큰 사람에 ○표, 가장 작은 사람에 △표 하세요.

(   )   (   )   (   )

비교하기 (2)

넓이와 무게를 비교해 보자.

• 두 물건의 넓이를 비교할 때에는 '더 넓다', '더 좁다'로 나타내요.

➡ 더 넓다

더 좁다

• 두 물건의 무게를 비교할 때에는 '더 무겁다', '더 가볍다'로 나타내요.

➡ 더 무겁다

더 가볍다

담을 수 있는 양을 비교해 보자.

• 들어 있는 양을 비교할 때에는 '더 많다', '더 적다'로 나타내요.

➡ 더 많다

더 적다

넓이 비교하기

🐰 더 넓은 것에 ○표 하세요.

1

(   ) (   )

2

(   ) (   )

3

(   ) (   )

4

(   ) (   )

🐰 더 좁은 것에 △표 하세요.

5

(   ) (   )

6

(   ) (   )

7

(   ) (   )

8

(   ) (   )

🐰 가장 넓은 것부터 차례대로 1, 2, 3을 쓰세요.

9

(   )   (   )   (   )

10

(   )   (   )   (   )

11

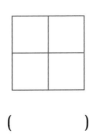

(   )   (   )   (   )

12

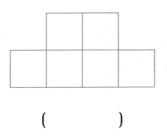

(   )   (   )   (   )

무게 비교하기 (1)

🐰 더 무거운 것에 ◯표 하세요.

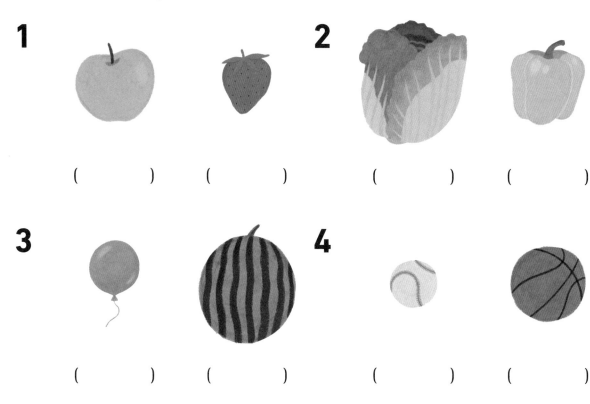

1 (   )   (   )   **2** (   )   (   )

3 (   )   (   )   **4** (   )   (   )

🐰 더 가벼운 것에 △표 하세요.

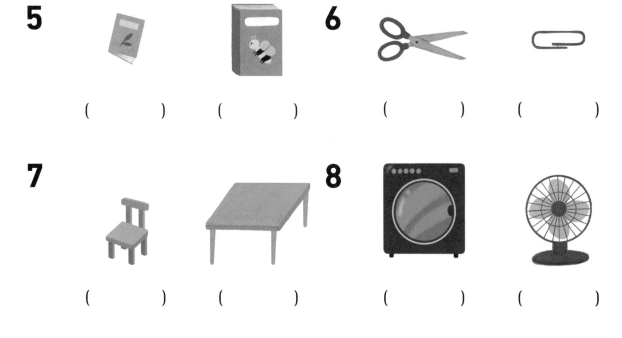

5 (   )   (   )   **6** (   )   (   )

7 (   )   (   )   **8** (   )   (   )

🐰 가장 무거운 것부터 차례대로 1, 2, 3을 쓰세요.

9

(   )   (   )   (   )

10

(   )   (   )   (   )

11

(   )   (   )   (   )

12

(   )   (   )   (   )

3일 무게 비교하기 (2)

🐰 알맞은 말에 ○표 하세요.

1

무는 당근보다 더 (무거워요, 가벼워요).

2

지우개는 필통보다 더 (무거워요, 가벼워요).

3

(1) 가위는 연필보다 더 (무거워요, 가벼워요).

(2) 연필은 클립보다 더 (무거워요, 가벼워요).

(3) 가장 무거운 물건은 (가위, 연필, 클립)예요.

🐰 알맞은 말에 ◯표 하세요.

4

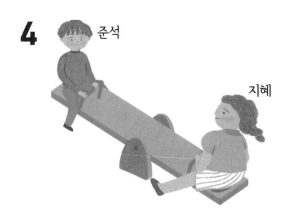

지혜는 준석이보다 더 (무거워요, 가벼워요).

5

민지는 지혜보다 더 (무거워요, 가벼워요).

6

(1) 재호는 준석이보다 더 (무거워요, 가벼워요).

(2) 준석이는 민지보다 더 (무거워요, 가벼워요).

(3) 가장 가벼운 사람은 (재호, 준석, 민지) 예요.

담을 수 있는 양 비교하기 (1)

🐰 물이 더 많이 들어 있는 것에 ○표 하세요.

1

( ) ( )

2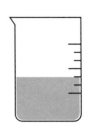

( ) ( )

3

( ) ( )

4

( ) ( )

🐰 물이 더 적게 들어 있는 것에 △표 하세요.

5

( ) ( )

6

( ) ( )

7

( ) ( )

8

( ) ( )

🐰 물이 가장 많이 들어 있는 것부터 차례대로 1, 2, 3을 쓰세요.

9

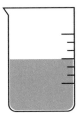  

(   )   (   )   (   )

10

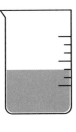 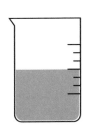 

(   )   (   )   (   )

11

(   )   (   )   (   )

12

(   )   (   )   (   )

담을 수 있는 양 비교하기 (2)

🐰 물이 더 많이 들어 있는 것에 ○표 하세요.

1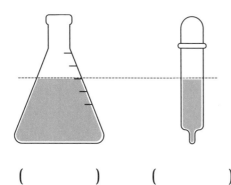

(   )   (   )

2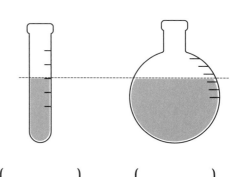

(   )   (   )

3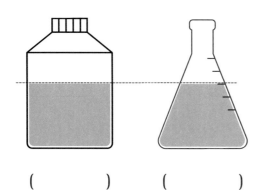

(   )   (   )

4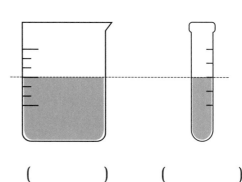

(   )   (   )

🐰 물이 더 적게 들어 있는 것에 △표 하세요.

5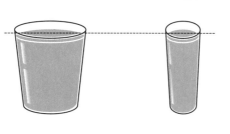

(   )   (   )

6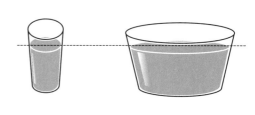

(   )   (   )

7

(   )   (   )

8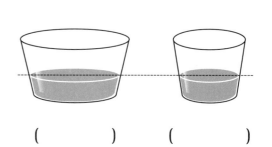

(   )   (   )

물이 가장 많이 들어 있는 것부터 차례대로 1, 2, 3을 쓰세요.

9

(　　　)　　　(　　　)　　　(　　　)

10

(　　　)　　　(　　　)　　　(　　　)

11

(　　　)　　　(　　　)　　　(　　　)

12

(　　　)　　　(　　　)　　　(　　　)

확인 문제

🐰 더 넓은 것에 ◯표 하세요.

1

(   )   (   )

2

(   )   (   )

3
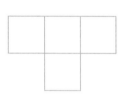

(   )   (   )

4
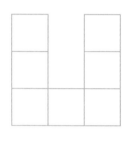

(   )   (   )

🐰 더 무거운 것에 ◯표 하세요.

5

(   )   (   )

6

(   )   (   )

7
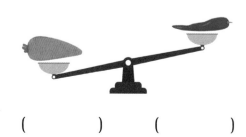

(   )   (   )

8

(   )   (   )

🐰 물이 더 많이 들어 있는 것에 ○표 하세요.

9

(   )   (   )

10

(   )   (   )

11

(   )   (   )

12

(   )   (   )

13

(   )   (   )

14

(   )   (   )

15

(   )   (   )

16

(   )   (   )

형성평가

여러 가지 모양 찾아보기

🐰 다음 물건은 어떤 모양인지 ○표 하세요.

1

(   )   (   )   (   )

2

(   )   (   )   (   )

3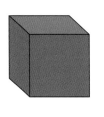

(   )   (   )   (   )

4

(   )   (   )   (   )

5 관계있는 것끼리 줄(一)로 이으세요.

🐰 나머지 셋과 모양이 <u>다른</u> 것에 ✕표 하세요.

6

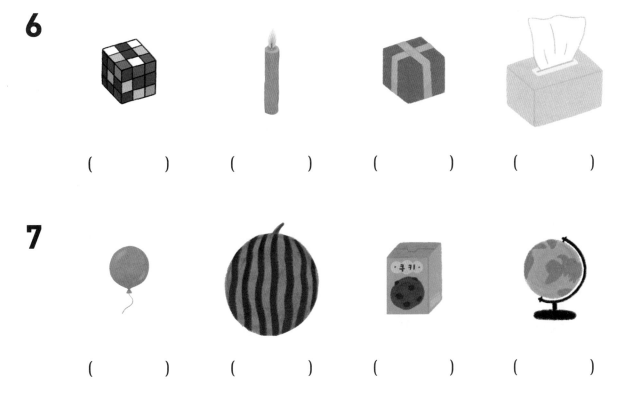

(   )   (   )   (   )   (   )

7

(   )   (   )   (   )   (   )

여러 가지 모양 알아보기 (1)

🐰 어떤 모양의 일부분을 나타낸 것이에요. 어떤 모양인지 〈보기〉에서 같은 모양을 찾아 기호를 쓰세요.

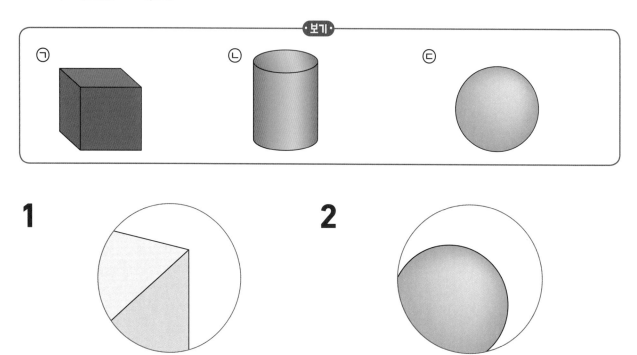

1 (   )

2 (   )

3 설명을 읽고 알맞은 모양을 찾아 줄(—)로 이으세요.

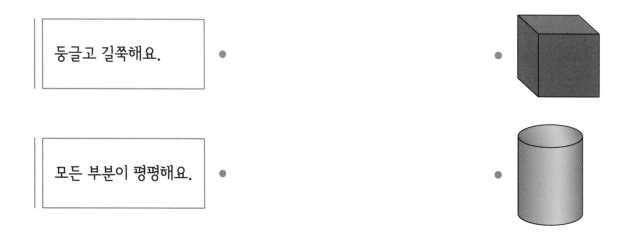

둥글고 길쭉해요.

모든 부분이 평평해요.

🐰 그림을 보고 물음에 답하세요.

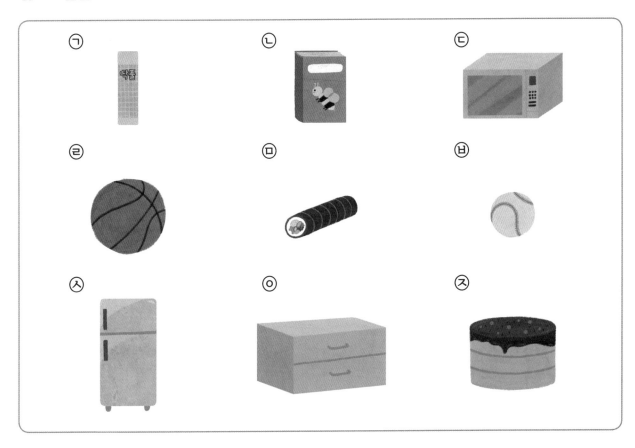

4 위로 쌓을 수 없는 모양의 물건을 모두 찾아 기호를 쓰세요.

(   )

5 한쪽으로만 잘 굴러가는 모양의 물건을 모두 찾아 기호를 쓰세요.

(   )

6 잘 굴러가지 않는 모양의 물건을 모두 찾아 기호를 쓰세요.

(   )

7 평평한 부분이 없는 모양의 물건을 모두 찾아 기호를 쓰세요.

(   )

여러 가지 모양 만들기 (1)

🐰 다음과 같은 모양을 만드는 데 사용한 모양을 〈보기〉에서 찾아 기호를 쓰세요.

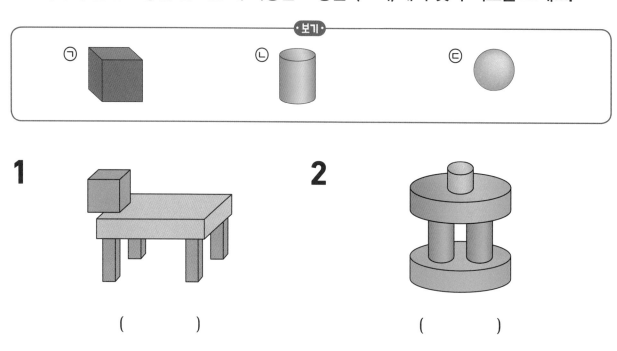

1

(   )

2

(   )

3 주어진 모양을 모두 사용하여 만들 수 있는 모양에 ○표 하세요.

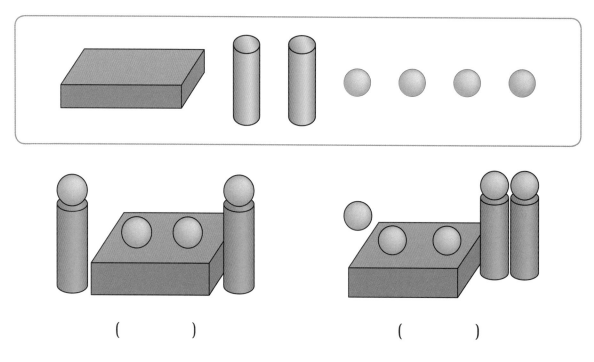

(   )   (   )

4 다음과 같은 모양을 만드는 데 사용한 모양의 개수를 쓰고, 가장 많이 사용한 모양과
가장 적게 사용한 모양을 찾아 보세요.

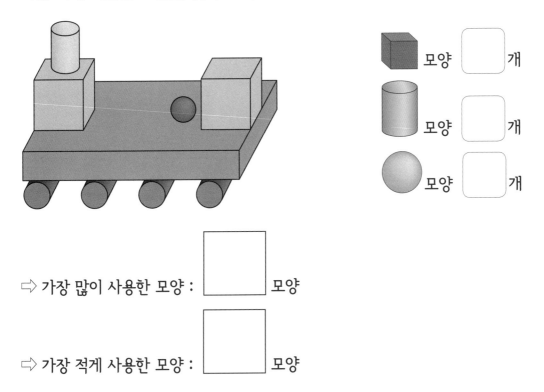

🖒 가장 많이 사용한 모양 : ☐ 모양

🖒 가장 적게 사용한 모양 : ☐ 모양

5 모양을 만드는 데 ⬛ 모양을 더 많이 사용한 것에 ○표 하세요.

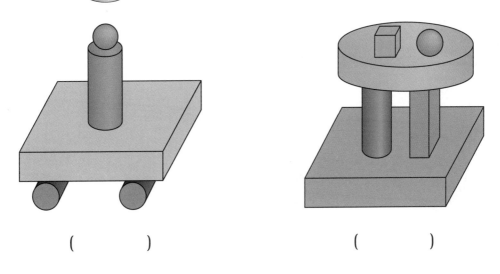

(   )   (   )

여러 가지 모양 알아보기 (2)

1 그림을 보고 같은 모양끼리 모아 빈칸에 기호를 쓰세요.

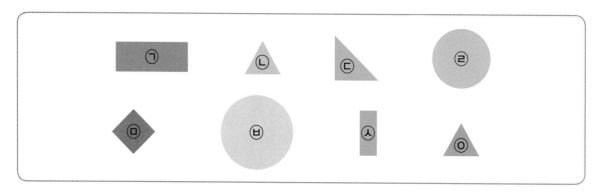

	모양	
■ 모양		
▲ 모양		
● 모양		

2 반듯한 선과 뾰족한 부분이 없는 물건을 모두 찾아 ○표 하세요.

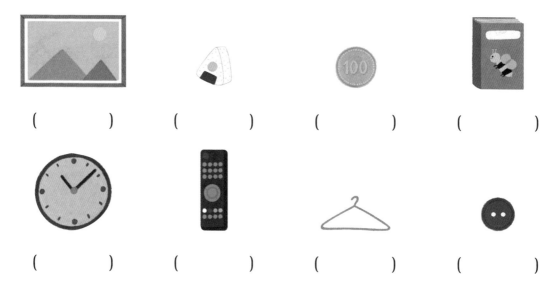

( )　　( )　　( )　　( )

( )　　( )　　( )　　( )

3 물건을 종이 위에 대고 본을 뜨면 어떤 모양이 되는지 줄(─)로 이으세요.

4 오른쪽 그림은 어떤 모양의 일부분을 그린 것이에요.
알맞은 모양을 〈보기〉에서 찾아 기호를 쓰세요.

〈보기〉

ㄱ ■   ㄴ ▲   ㄷ ●

(   )

여러 가지 모양 만들기 (2)

1 점선을 따라 자르면 어떤 모양이 나오는지 찾아 ○표 하고, □ 안에 그 모양의 개수를 쓰세요.

() 모양   개

2 다음과 같은 모양을 꾸미는 데 사용한 모양을 찾아 ○표 하세요.

3 주어진 모양을 사용하여 다음과 같은 모양을 꾸몄어요. 사용하지 <u>않은</u> 모양을 찾아 ✕표 하세요.

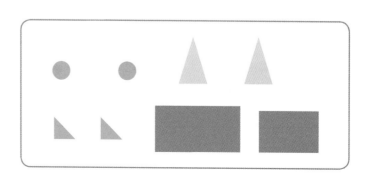

4 다음과 같은 모양을 꾸미는 데 사용한 모양의 개수를 ☐ 안에 쓰세요.

■ 모양 ☐ 개

▲ 모양 ☐ 개

● 모양 ☐ 개

5 다음과 같은 모양을 꾸미는 데 사용한 모양의 개수를 ☐ 안에 쓰고, 가장 많이 사용한 모양과 가장 적게 사용한 모양을 찾아 ◯표 하세요.

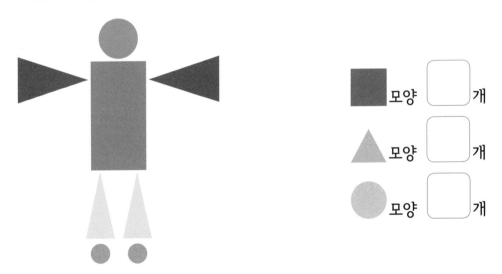

■ 모양 ☐ 개

▲ 모양 ☐ 개

● 모양 ☐ 개

⇨ 모양을 꾸미는 데 가장 많이 사용한 모양은

 모양이에요.

⇨ 모양을 꾸미는 데 가장 적게 사용한 모양은

 모양이에요.

도형의 규칙 찾기

1 반복되는 부분을 찾아 왼쪽에서부터 ⬭로 묶어 보세요.

2 규칙에 따라 ☐ 안에 알맞은 모양을 찾아 그리고 색칠해 보세요.

3 ☐ 안에 알맞은 모양의 물건을 찾아 기호를 쓰세요.

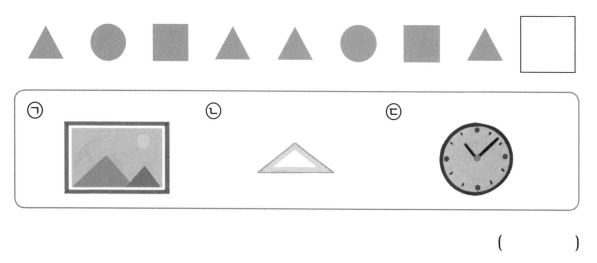

(   )

4 규칙에 따라 색칠해 보세요.

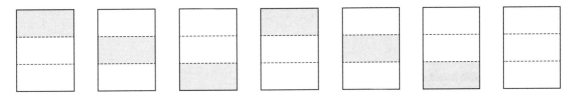

5 규칙에 따라 빈칸에 알맞은 모양을 그리고 색칠해 보세요.

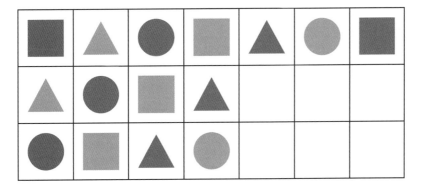

6 모양을 이용하여 규칙을 만들어 무늬를 꾸며 보세요.

예

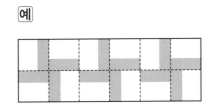

비교하기 (1)

1 더 긴 것에 ○표 하세요.

(   )

(   )

2 지우개보다 더 긴 것에 ○표, 더 짧은 것에 △표 하세요.

(   )

(   )

3 가장 긴 것에 ○표, 가장 짧은 것에 △표 하세요.

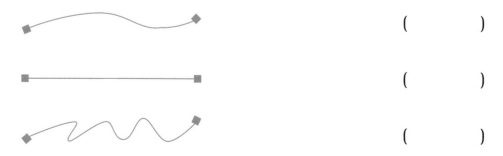

(   )

(   )

(   )

4 컵보다 더 높은 것을 찾아 ◯표 하세요.

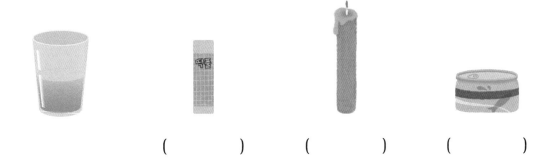

(   )   (   )   (   )

5 명수보다 키가 더 작은 사람에 △표 하세요.

명수

(   )   (   )   (   )

6 키가 가장 큰 사람부터 차례대로 I, 2, 3을 쓰세요.

(   )   (   )   (   )

비교하기 (2)

1 〈보기〉보다 더 넓은 것에 ◯표 하세요.

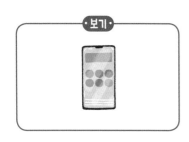

(   )   (   )   (   )

2 가장 넓은 것에 ◯표, 가장 좁은 것에 △표 하세요.

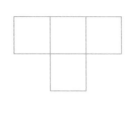 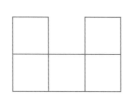 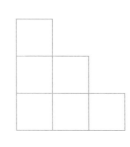

(   )   (   )   (   )

3 가장 무거운 것에 ◯표, 가장 가벼운 것에 △표 하세요.

(   )   (   )   (   )

4 양팔저울로 참외, 토마토, 딸기의 무게를 달아 보았어요. 가장 무거운 과일을 찾아 쓰세요.

 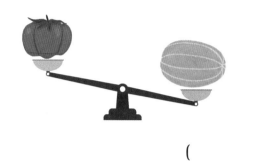

(   )

5 물이 더 많이 들어 있는 것에 ○표 하세요.

(1)

(   ) (   )

(2)

(   ) (   )

6 물이 가장 많이 들어 있는 것부터 차례대로 기호를 쓰세요.

㉠    ㉡    ㉢

(   )

MEMO

《계산의 신》은

★ 최신 교육과정에 맞춘 단계별 계산 프로그램으로 계산법 완벽 습득
★ '단계별 묶어 풀기', '전체 묶어 풀기'로 체계적 복습까지 한 번에!
★ 좌뇌와 우뇌를 고르게 계발하는 수학 이야기와 수학 퀴즈로 창의성 쑥쑥!

아이들이 수학 문제를 풀 때 자꾸 실수하는 이유는 바로 계산력이 부족하기 때문입니다.
계산 문제에서 실수를 줄이면 점수가 오르고, 점수가 오르면 수학에 자신감이 생깁니다.
아이들에게 《계산의 신》으로 수학의 재미와 자신감을 심어 주세요.

		《계산의 신》 권별 핵심 내용	
초등 1학년	1권	자연수의 덧셈과 뺄셈 기본(1)	합과 차가 9까지인 덧셈과 뺄셈 받아올림/내림이 없는 (두 자리 수)±(한 자리 수)
	2권	자연수의 덧셈과 뺄셈 기본(2)	받아올림/내림이 없는 (두 자리 수)±(두 자리 수) 받아올림/내림이 있는 (한/두 자리 수)±(한 자리 수)
초등 2학년	3권	자연수의 덧셈과 뺄셈 발전	(두 자리 수)±(한 자리 수) (두 자리 수)±(두 자리 수)
	4권	네 자리 수/곱셈구구	네 자리 수 곱셈구구
초등 3학년	5권	자연수의 덧셈과 뺄셈/곱셈과 나눗셈	(세 자리 수)±(세 자리 수), (두 자리 수)×(한 자리 수) 곱셈구구 범위에서의 나눗셈
	6권	자연수의 곱셈과 나눗셈 발전	(세 자리 수)×(한 자리 수), (두 자리 수)×(두 자리 수) (두/세 자리 수)÷(한 자리 수)
초등 4학년	7권	자연수의 곱셈과 나눗셈 심화	(세 자리 수)×(두 자리 수) (두/세 자리 수)÷(두 자리 수)
	8권	분수와 소수의 덧셈과 뺄셈 기본	분모가 같은 분수의 덧셈과 뺄셈 소수의 덧셈과 뺄셈
초등 5학년	9권	자연수의 혼합 계산/분수의 덧셈과 뺄셈	자연수의 혼합 계산, 약수와 배수, 약분과 통분 분모가 다른 분수의 덧셈과 뺄셈
	10권	분수와 소수의 곱셈	(분수)×(자연수), (분수)×(분수) (소수)×(자연수), (소수)×(소수)
초등 6학년	11권	분수와 소수의 나눗셈 기본	(분수)÷(자연수), (소수)÷(자연수) (자연수)÷(자연수)
	12권	분수와 소수의 나눗셈 발전	(분수)÷(분수), (자연수)÷(분수), (소수)÷(소수), (자연수)÷(소수), 비례식과 비례배분

엄마! 우리 반 **1등**은 **계산의 신**이에요.

초등 수학 100점의 비결은 **계산력!**

KAIST 출신 저자의

계산의 신 神

《계산의 신》 권별 핵심 내용		
초등 1학년		자연수의 덧셈과 뺄셈 기본 (1)
	2권	자연수의 덧셈과 뺄셈 기본 (2)
초등 2학년	3권	자연수의 덧셈과 뺄셈 발전
	4권	네 자리 수/ 곱셈구구
초등 3학년	5권	자연수의 덧셈과 뺄셈 /곱셈과 나눗셈
	6권	자연수의 곱셈과 나눗셈 발전
초등 4학년	7권	자연수의 곱셈과 나눗셈 심화
	8권	분수와 소수의 덧셈과 뺄셈 기본
초등 5학년	9권	자연수의 혼합 계산 / 분수의 덧셈과 뺄셈
	10권	분수와 소수의 곱셈
초등 6학년	11권	분수와 소수의 나눗셈 기본
	12권	분수와 소수의 나눗셈 발전

매일 하루 두 쪽씩,
하루에 10분
문제 풀이 학습

초등 도형의 기초를 잡는

도형의 신神

A단계
· 초1 과정

정답

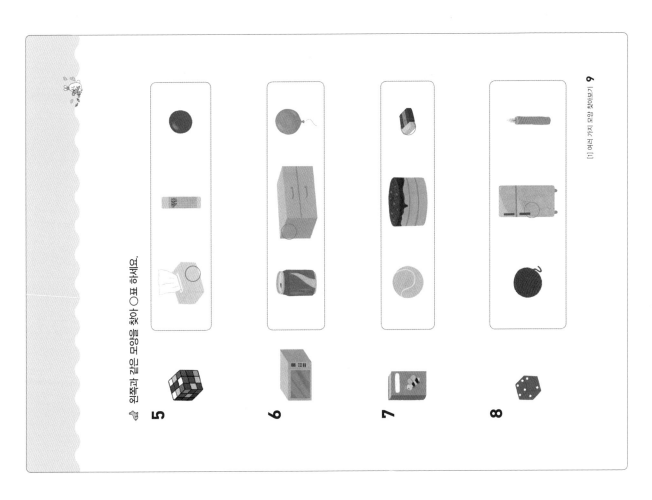

왼쪽과 같은 모양을 찾아 ○표 하세요.

5

6

7

8

[1] 여러 가지 모양 찾아보기 **9**

1일 ⬛ 모양 찾아보기

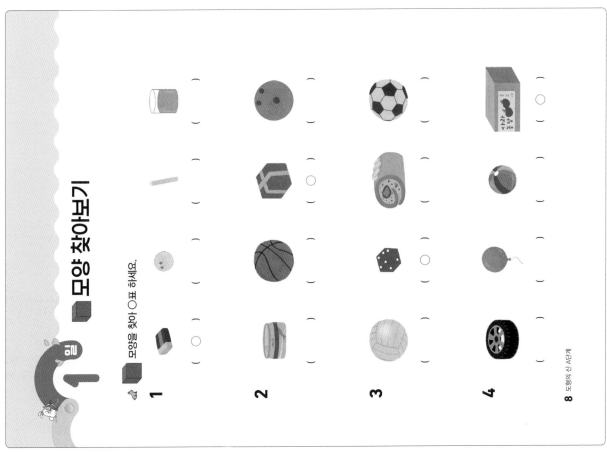

⬛ 모양을 찾아 ○표 하세요.

1

2

3

4

8 도형의 신 A단계

도형의 신 A단계 **1**

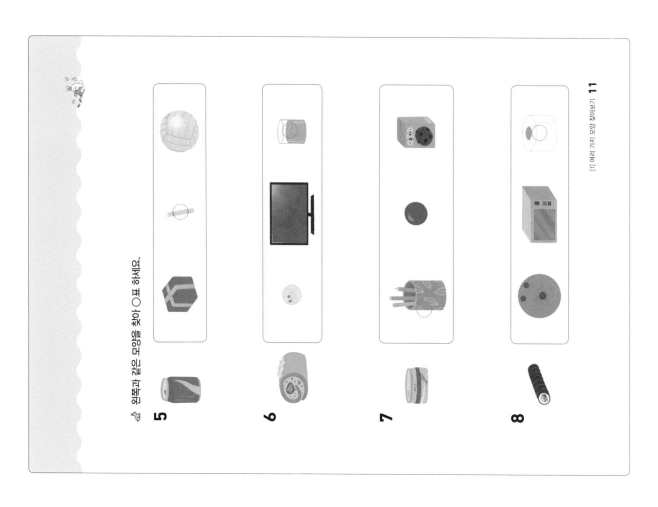

왼쪽과 같은 모양을 찾아 ○표 하세요.

5

6

7

8

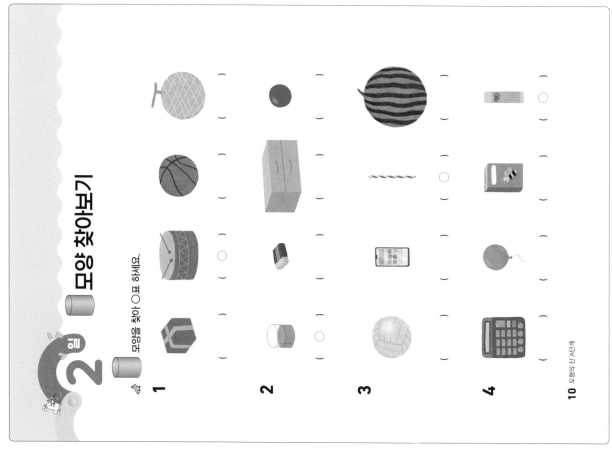

2일 모양 찾아보기

모양을 찾아 ○표 하세요.

1

2

3

4

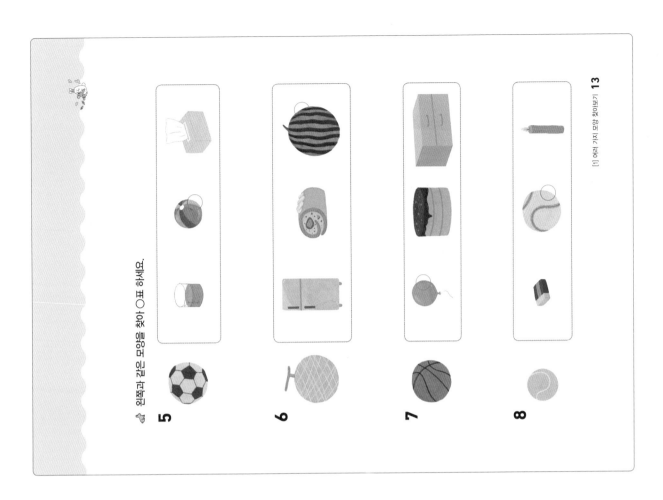

🐾 왼쪽과 같은 모양을 찾아 ◯표 하세요.

5

6

7

8

3일

◯ 모양 찾아보기

🐾 모양을 찾아 ◯표 하세요.

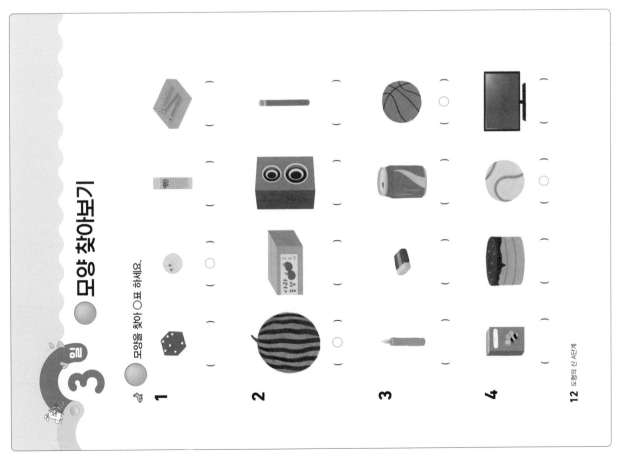

1

2

3

4

5 관계있는 것끼리 줄(—)로 이으세요.

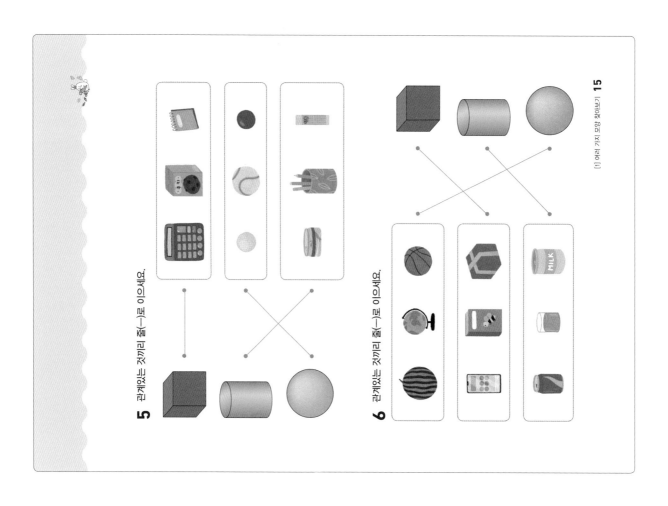

6 관계있는 것끼리 줄(—)로 이으세요.

4 여러 가지 모양 찾아보기

모양에 □표, 모양에 △표, 모양에 ○표 하세요.

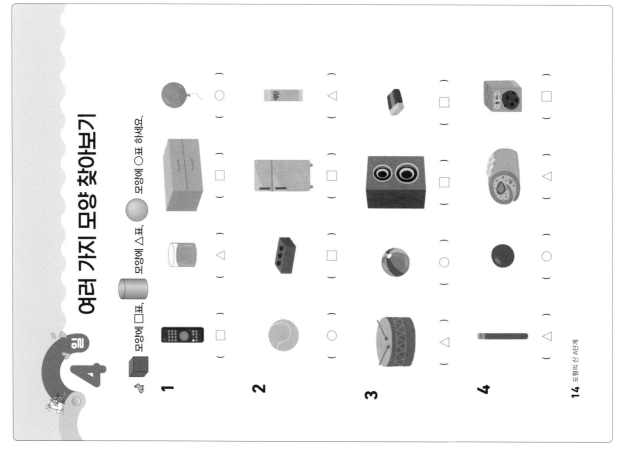

1

2

3

4

나머지 셋과 모양이 <u>다른</u> 것에 ×표 하세요.

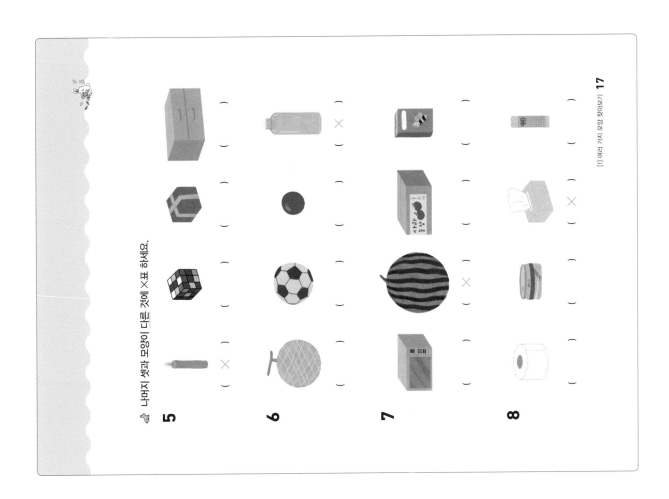

5

6

7

8

5일 다른 모양 찾아보기

왼쪽과 다른 모양을 찾아 ×표 하세요.

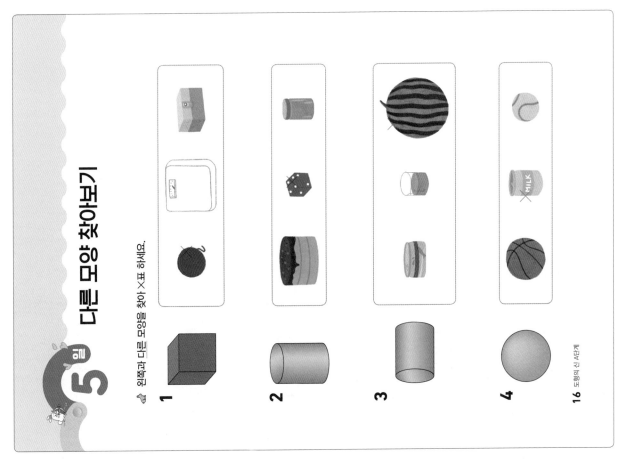

1

2

3

4

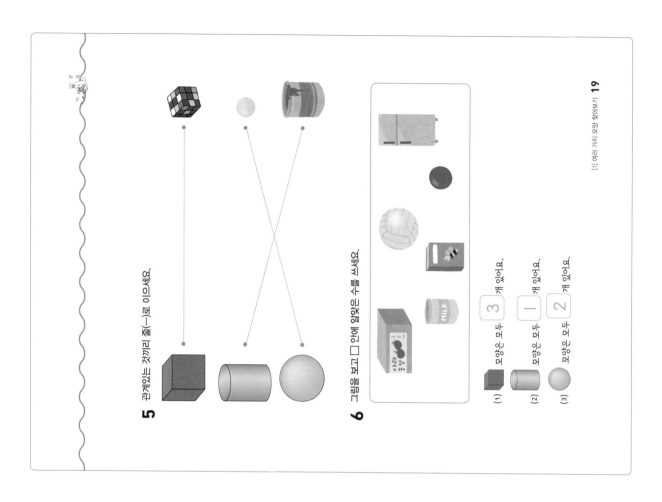

5 관계있는 것끼리 줄(—)로 이으세요.

6 그림을 보고 □ 안에 알맞은 수를 쓰세요.

(1) 모양은 모두 3 개 있어요.

(2) 모양은 모두 1 개 있어요.

(3) 모양은 모두 2 개 있어요.

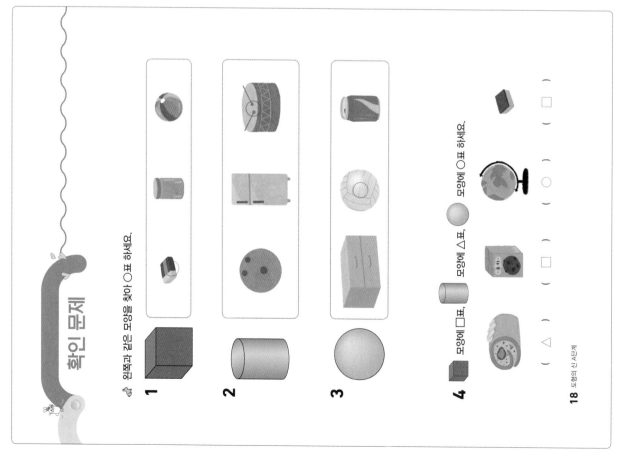

확인 문제

원쪽과 같은 모양을 찾아 ○표 하세요.

1

2

3

4 모양에 □표, 모양에 △표, 모양에 ○표 하세요.

(△)   ( )   (□)   ( )   (○)   ( )   (□)

🐰 왼쪽과 같은 모양을 찾아 ○표 하세요.

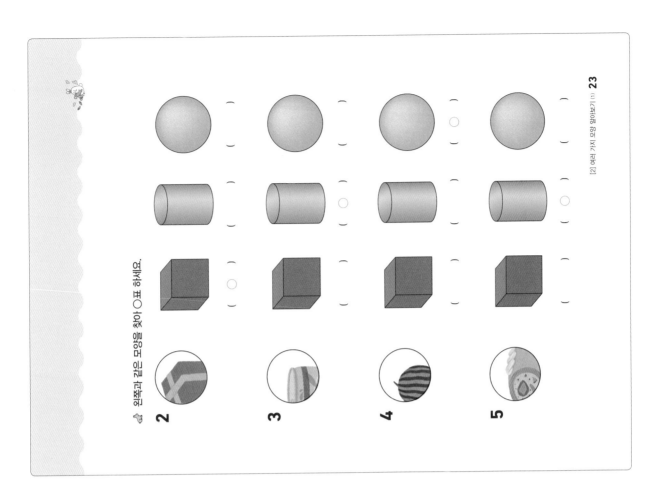

2

3

4

5

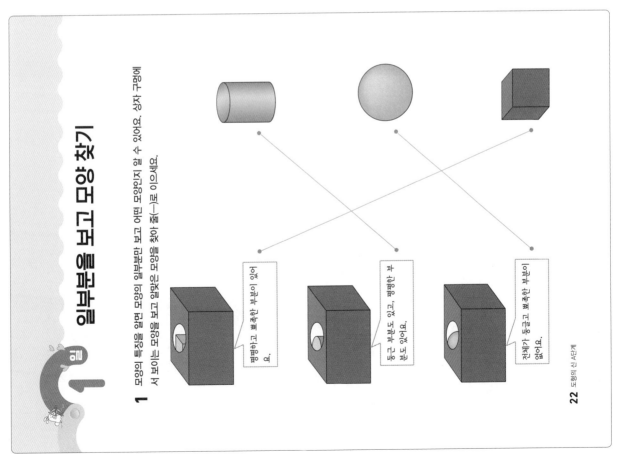

1일

일부분을 보고 모양 찾기

1 모양의 특징을 알면 모양의 일부분만 보고 어떤 모양인지 알 수 있어요. 상자 구멍에 서 보이는 모양을 보고 알맞은 모양을 찾아 줄(─)로 이으세요.

평평하고 뾰족한 부분이 있어.

동그란 부분도 있고, 평평한 부분도 있어.

전체가 둥글고 뾰족한 부분이 없어. 둥글.

2일 여러 가지 모양 알아보기

다음은 검은 상자 속에 손을 넣어 만진 물건에 대하여 말한 것이에요. 이 물건은 어떤 모양인지 찾아 ○표 하세요.

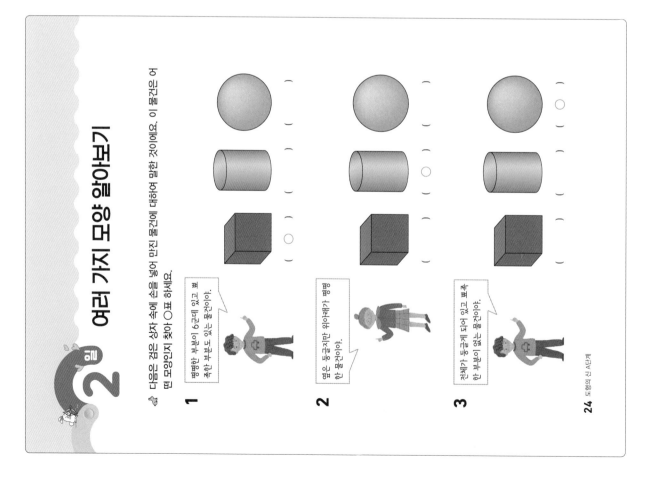

1 평평한 부분이 6군데 있고 뾰족한 부분도 있는 물건이야.

2 옆은 둥글지만 위아래가 평평한 물건이야.

3 전체가 둥글게 되어 있고 뾰족한 부분이 없는 물건이야.

24 도형의 신 4단계

---

4 평평한 부분과 뾰족한 부분이 모두 있는 물건을 찾아 기호를 쓰세요.

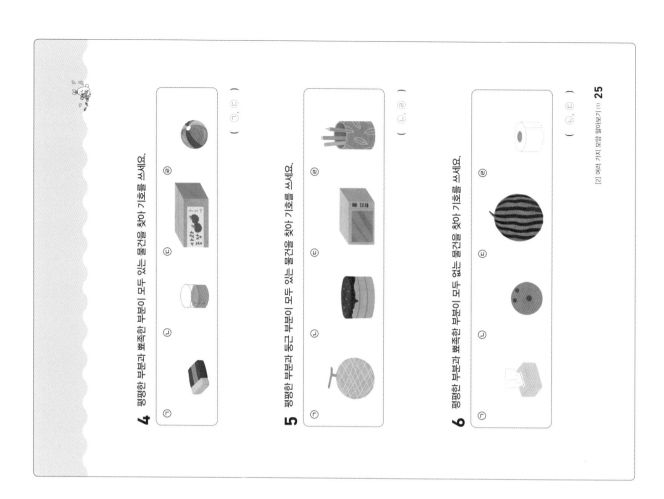

(㉠, ㉢)

5 평평한 부분과 둥근 부분이 모두 있는 물건을 찾아 기호를 쓰세요.

(㉡, ㉣)

6 평평한 부분과 뾰족한 부분이 모두 없는 물건을 찾아 기호를 쓰세요.

(㉡, ㉢)

[2] 여러 가지 모양 알아보기 (1) 25

③일 여러 가지 모양 쌓아보기

🐝 다음은 여러 가지 물건들을 쌓아보면서 말한 것이에요. 어떤 모양인지 찾아 ○표 하세요.

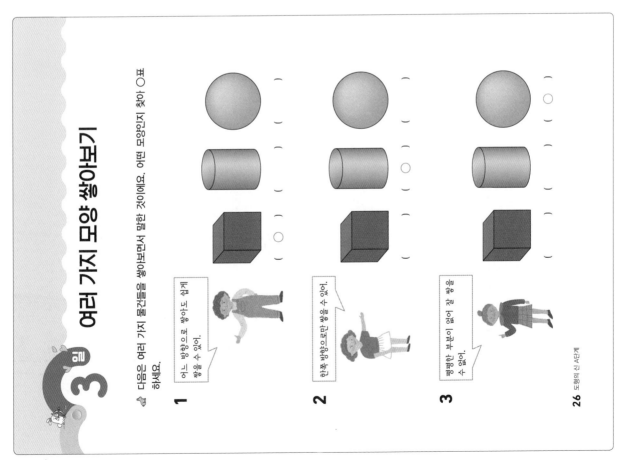

1 어느 방향으로 쌓아도 쉽게 쌓을 수 있어.

2 한쪽 방향으로만 쌓을 수 있어.

3 평평한 부분이 없어 잘 쌓을 수 없어.

---

4 어느 방향으로 쌓아도 쌓기 쉬운 물건을 모두 찾아 기호를 쓰세요.

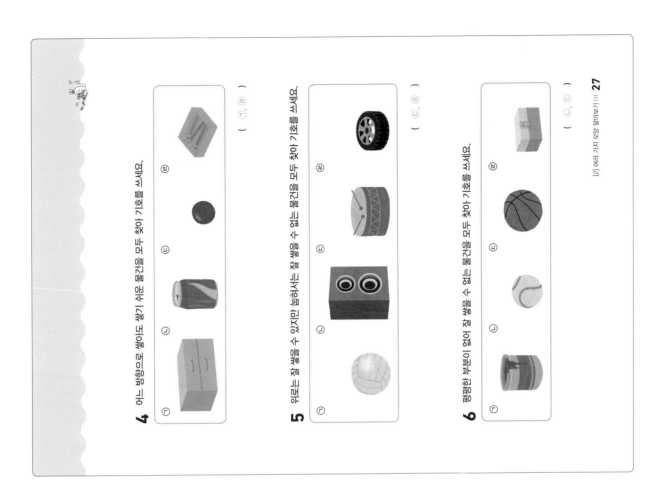

㉠ ㉡ ㉢ ㉣

( )

5 위로는 잘 쌓을 수 있지만 눕혀서는 잘 쌓을 수 없는 물건을 모두 찾아 기호를 쓰세요.

㉠ ㉡ ㉢ ㉣

( )

6 평평한 부분이 없어 잘 쌓을 수 없는 물건을 모두 찾아 기호를 쓰세요.

㉠ ㉡ ㉢ ㉣

( )

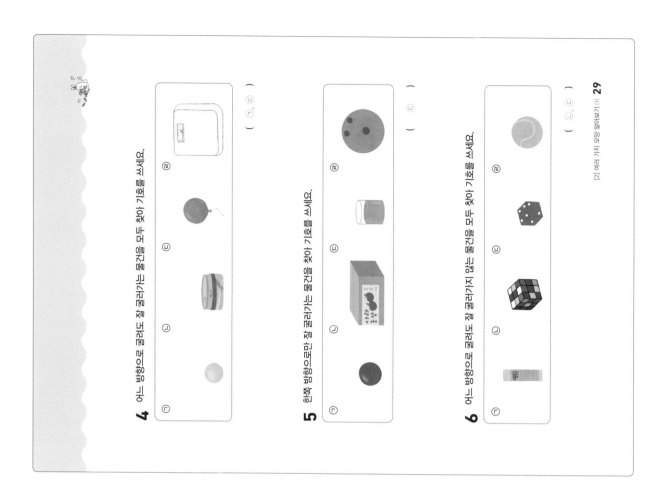

4일 여러 가지 모양 굴려보기

다음은 여러 가지 물건들을 굴려보면서 말한 것이에요. 이 물건은 어떤 모양인지 찾아 ○표 하세요.

1 어느 방향으로 굴려도 잘 굴러가는 물건이야.

2 한쪽 방향으로만 잘 굴러가는 물건이야.

3 어느 방향으로 굴려도 잘 굴러가지 않는 물건이야.

28 도형의 신 4단계

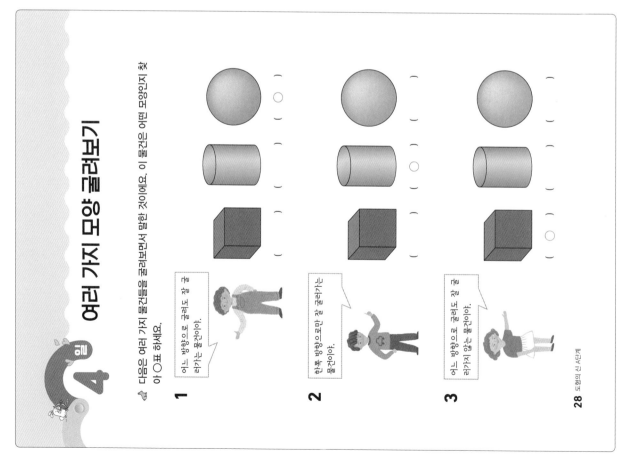

4 어느 방향으로 굴려도 잘 굴러가는 물건을 모두 찾아 기호를 쓰세요.

(㉠, ㉢)

5 한쪽 방향으로만 잘 굴러가는 물건을 찾아 기호를 쓰세요.

(㉢)

6 어느 방향으로 굴려도 잘 굴러가지 않는 물건을 모두 찾아 기호를 쓰세요.

(㉡, ㉢)

[2] 여러 가지 모양 알아보기 (1) 29

5일 여러 가지 모양 정리하기

다음 물건들을 각각의 기준에 따라 정리하려고 해요. 빈칸에 알맞은 기호를 쓰세요.

1 평평한 부분이 있는 것과 없는 것으로 나누어 정리해 보세요.

평평한 부분이 있는 것	평평한 부분이 없는 것
㉠, ㉢, ㉤	㉣, ㉥

2 둥근 부분이 있는 것과 없는 것으로 나누어 정리해 보세요.

둥근 부분이 있는 것	둥근 부분이 없는 것
㉠, ㉡, ㉣, ㉤, ㉥	㉢, ㉤

3 쌓을 수 있는 것과 쌓을 수 없는 것으로 나누어 정리해 보세요.

쌓을 수 있는 것	쌓을 수 없는 것
㉢, ㉤, ㉥	㉡, ㉣

다음 물건들을 각각의 기준에 따라 정리하려고 해요. 빈칸에 알맞은 기호를 쓰세요.

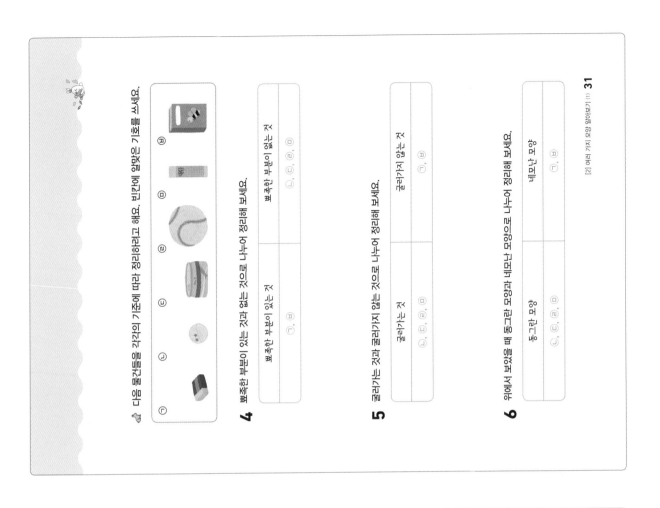

4 뾰족한 부분이 있는 것과 없는 것으로 나누어 정리해 보세요.

뾰족한 부분이 있는 것	뾰족한 부분이 없는 것
㉠, ㉥	㉡, ㉢, ㉣, ㉤

5 굴러가는 것과 굴러가지 않는 것으로 나누어 정리해 보세요.

굴러가는 것	굴러가지 않는 것
㉡, ㉢, ㉣	㉠, ㉥

6 위에서 보았을 때 둥근 모양과 네모난 모양으로 나누어 정리해 보세요.

둥근 모양	네모난 모양
㉡, ㉢, ㉤	㉠, ㉣

확인 문제

1 관계있는 것끼리 줄(─)로 이으세요.

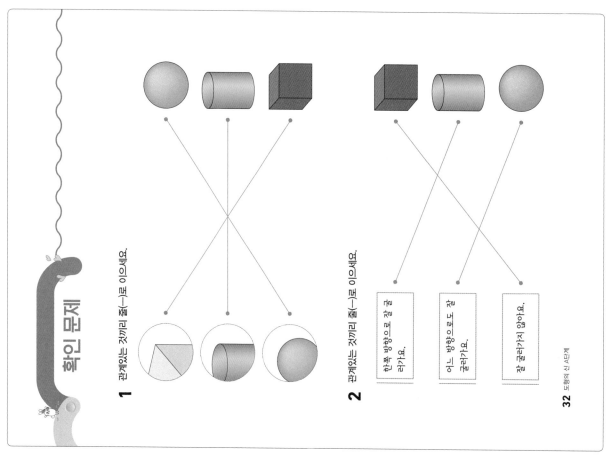

2 관계있는 것끼리 줄(─)로 이으세요.

한쪽 방향으로 잘 굴러가요.

어느 방향으로도 잘 굴러가요.

잘 굴러가지 않아요.

다음 설명에 알맞은 모양을 〈보기〉에서 찾아 기호를 쓰세요.

<보기>

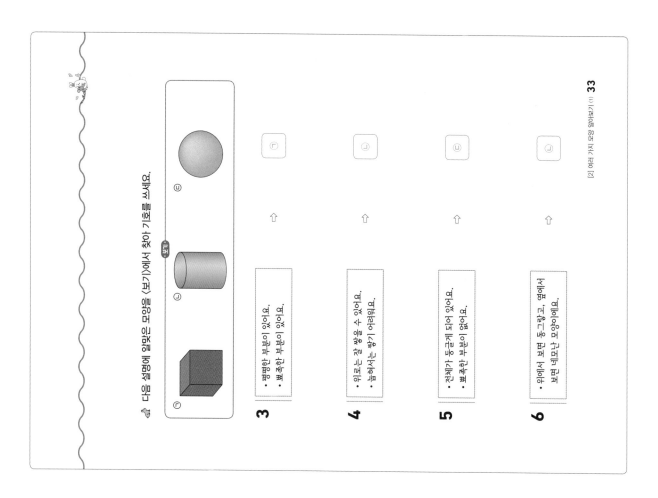

3
• 평평한 부분이 있어요.
• 뾰족한 부분이 있어요.

⇨ ㉠

4
• 위로는 잘 쌓을 수 있어요.
• 눕혀서는 쌓기 어려워요.

⇨ ㉡

5
• 전체가 둥글게 되어 있어요.
• 뾰족한 부분이 없어요.

⇨ ㉢

6
• 위에서 보면 둥글고, 옆에서
보면 네모난 모양이에요.

⇨ ㉣

다음과 같은 모양을 만드는 데 사용하지 <u>않은</u> 모양을 찾아 ○표 하세요.

4

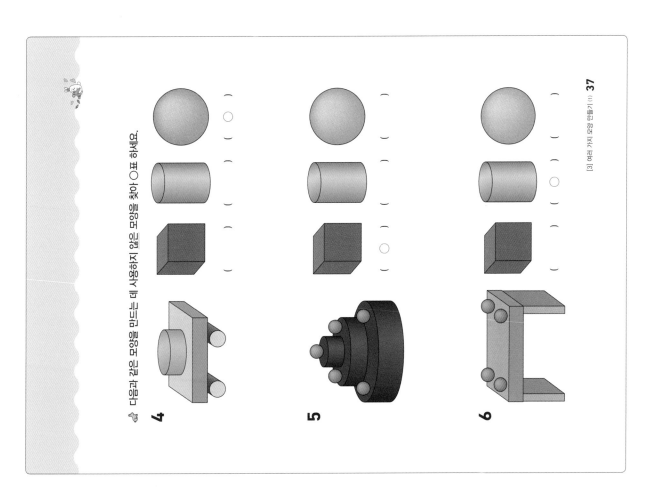

5

6

1일

사용한 모양 찾아보기

다음과 같은 모양을 만드는 데 사용한 모양을 찾아 ○표 하세요.

1

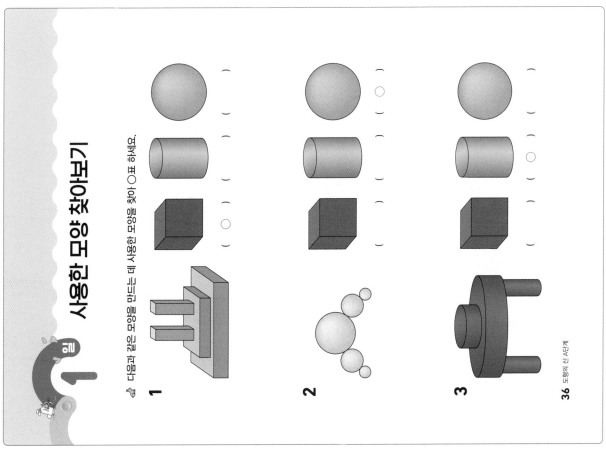

2

3

2일 만들 수 있는 모양 찾아보기

〈보기〉의 모양을 모두 사용하여 만들 수 있는 모양을 찾아 ○표 하세요.

1

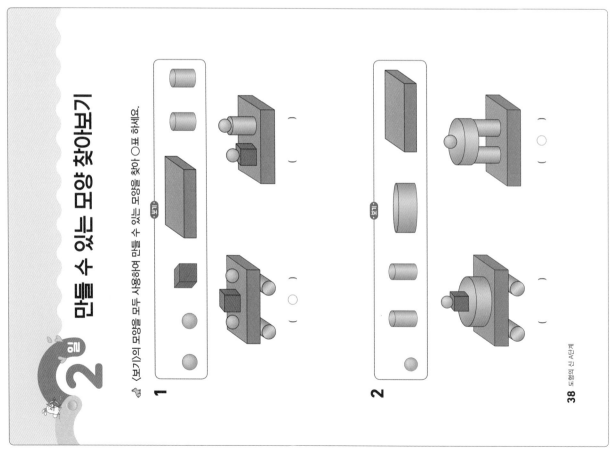

2

〈보기〉의 모양을 모두 사용하여 만들 수 있는 모양을 찾아 ○표 하세요.

3

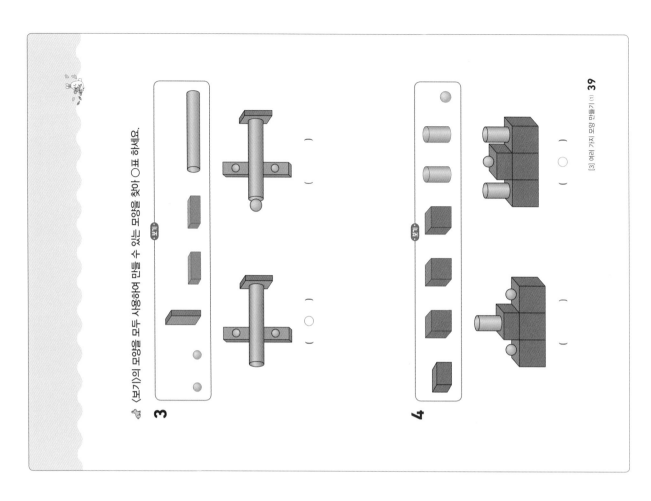

4

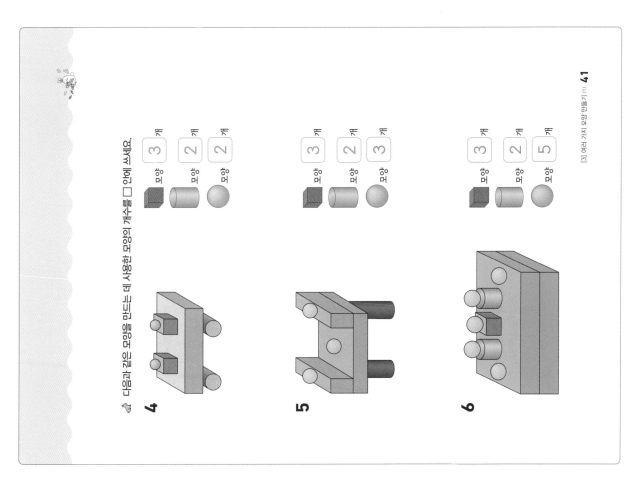

다음과 같은 모양을 만드는 데 사용한 모양의 개수를 □ 안에 쓰세요.

4

모양 3 개
모양 2 개
모양 2 개

5

모양 3 개
모양 2 개
모양 3 개

6

모양 3 개
모양 2 개
모양 5 개

3회 사용한 모양의 개수 세어 보기

다음과 같은 모양을 만드는 데 사용한 모양의 개수를 □ 안에 쓰세요.

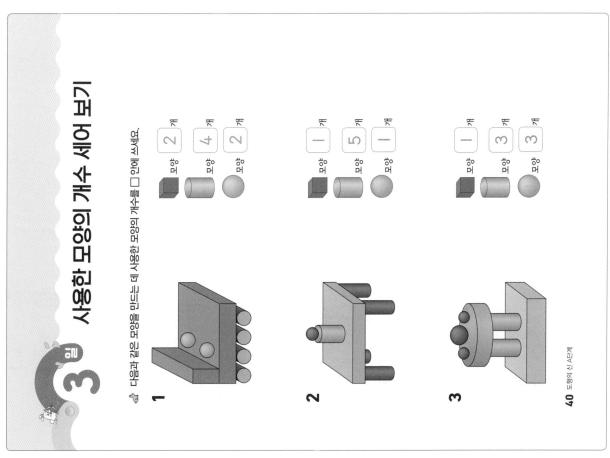

1

모양 2 개
모양 4 개
모양 2 개

2

모양 1 개
모양 5 개
모양 1 개

3

모양 1 개
모양 3 개
모양 3 개

다음과 같은 모양을 만드는 데 사용한 모양의 개수를 □ 안에 쓰고, 가장 적게 사용한 모양을 찾아 ○표 하세요.

3

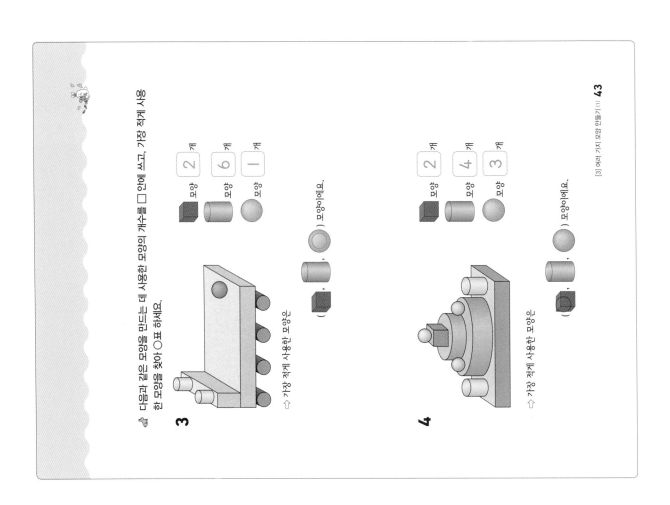

모양 2 개

모양 6 개

모양 1 개

➡ 가장 적게 사용한 모양은 (,) 모양이에요.

4

모양 2 개

모양 4 개

모양 3 개

➡ 가장 적게 사용한 모양은 (,) 모양이에요.

---

4 일 사용한 모양의 개수 비교하기

다음과 같은 모양을 만드는 데 사용한 모양의 개수를 □ 안에 쓰고, 가장 많이 사용한 모양을 찾아 ○표 하세요.

1

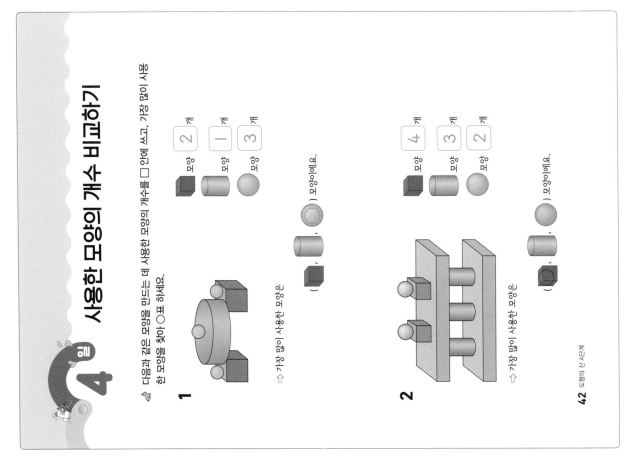

모양 2 개

모양 1 개

모양 3 개

➡ 가장 많이 사용한 모양은 (,) 모양이에요.

2

모양 4 개

모양 3 개

모양 2 개

➡ 가장 많이 사용한 모양은 (,) 모양이에요.

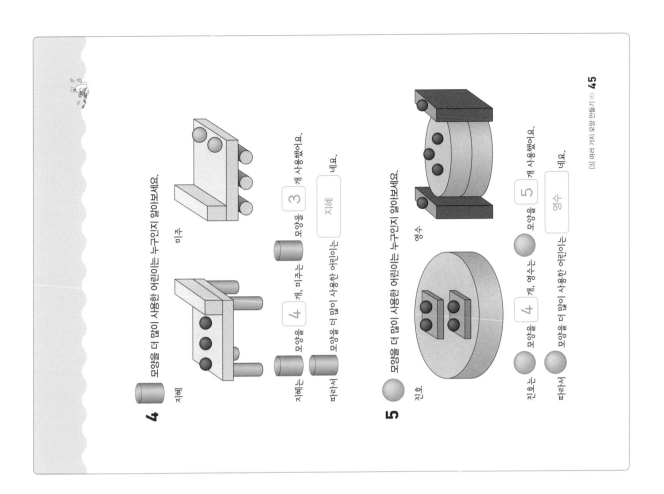

4 모양을 더 많이 사용한 어린이는 누구인지 알아보세요.

지혜   미주

지혜는 모양을 4 개, 미주는 모양을 3 개 사용했어요.

따라서 모양을 더 많이 사용한 어린이는 지혜 네요.

5 모양을 더 많이 사용한 어린이는 누구인지 알아보세요.

진호   영수

진호는 모양을 4 개, 영수는 모양을 5 개 사용했어요.

따라서 모양을 더 많이 사용한 어린이는 영수 네요.

5일 여러 가지 모양을 만들고 비교하기

모양을 사용하여 다음과 같은 모양을 만들었어요.

가   나

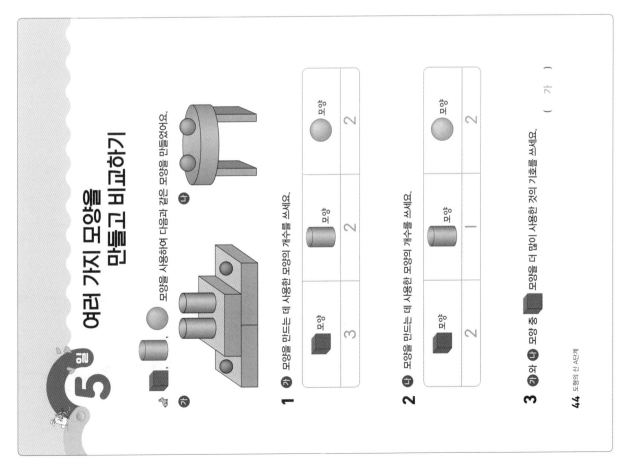

1 모양을 만드는 데 사용한 모양의 개수를 쓰세요.

가

모양	모양	모양
3	2	2

2 모양을 만드는 데 사용한 모양의 개수를 쓰세요.

나

모양	모양	모양
2	1	2

3 가와 나 모양 중 모양을 더 많이 사용한 것의 기호를 쓰세요.

(가)

44 도형의 신 A단계

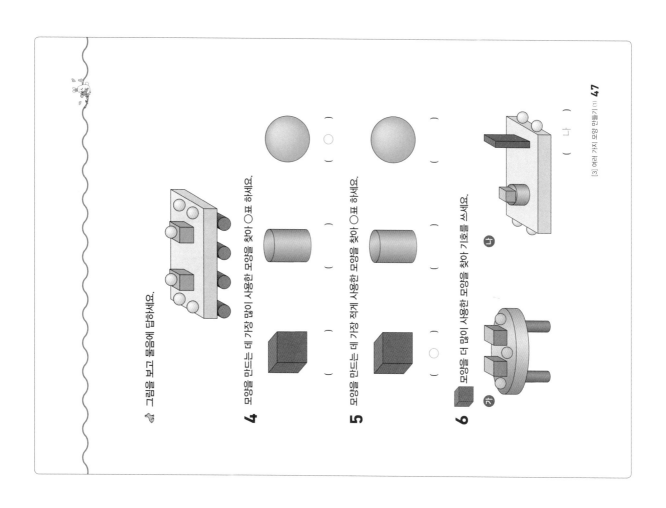

그림을 보고 물음에 답하세요.

4 모양을 만드는 데 가장 많이 사용한 모양을 찾아 ○표 하세요.

5 모양을 만드는 데 가장 적게 사용한 모양을 찾아 ○표 하세요.

6 모양을 더 많이 사용한 모양을 찾아 기호를 쓰세요.

가   나

(나)

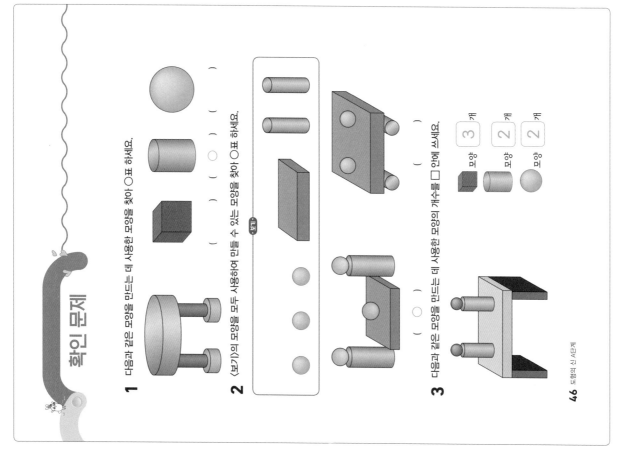

확인 문제

1 다음과 같은 모양을 만드는 데 사용한 모양을 찾아 ○표 하세요.

2 〈보기〉의 모양을 모두 사용하여 만들 수 있는 모양을 찾아 ○표 하세요.

보기

3 다음과 같은 모양을 만드는 데 사용한 모양의 개수를 □ 안에 쓰세요.

모양 [3] 개

모양 [2] 개

모양 [2] 개

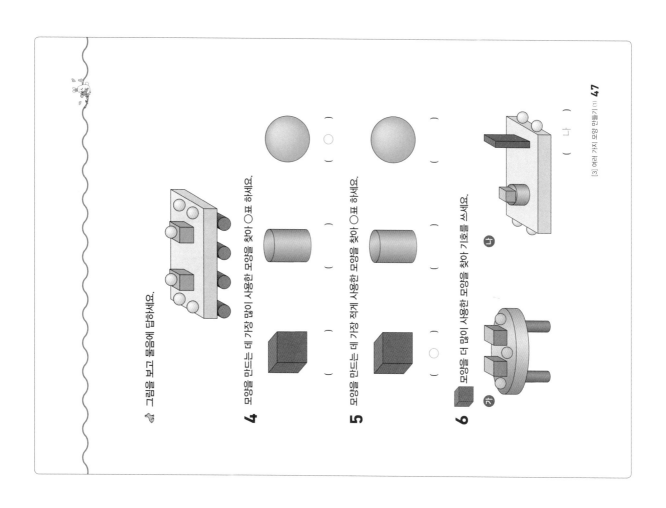

원쪽과 같은 모양의 물건을 찾아 ○표 하세요.

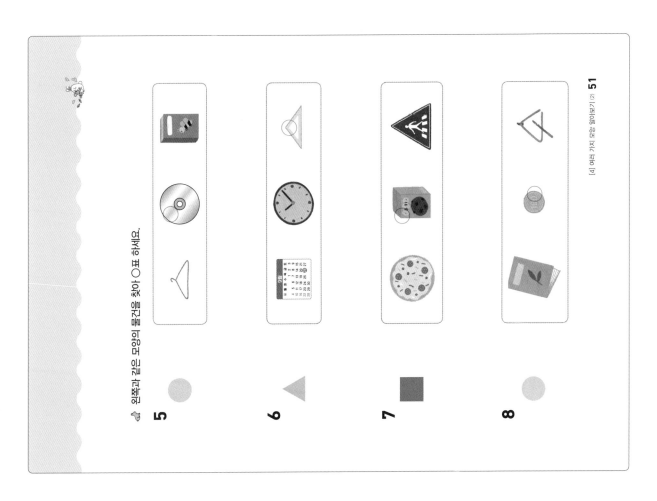

5

6

7

8

같은 모양 찾아보기

1일

다음 물건에서 찾을 수 있는 모양을 찾아 ○표 하세요.

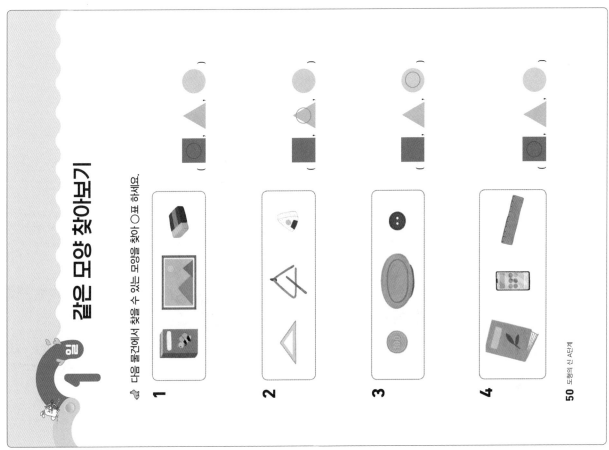

1

2

3

4

3 ❧ 그림을 보고 같은 모양의 물건끼리 모아 빈칸에 기호를 쓰세요.

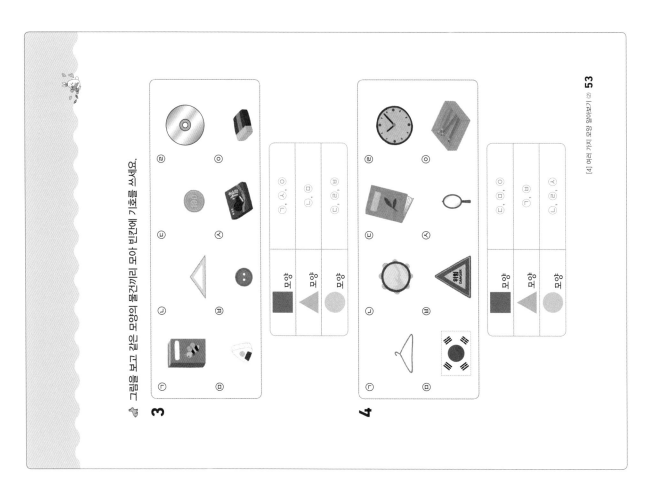

4

2일 같은 모양끼리 모으기

❧ 그림을 보고 같은 모양끼리 모아 빈칸에 기호를 쓰세요.

1

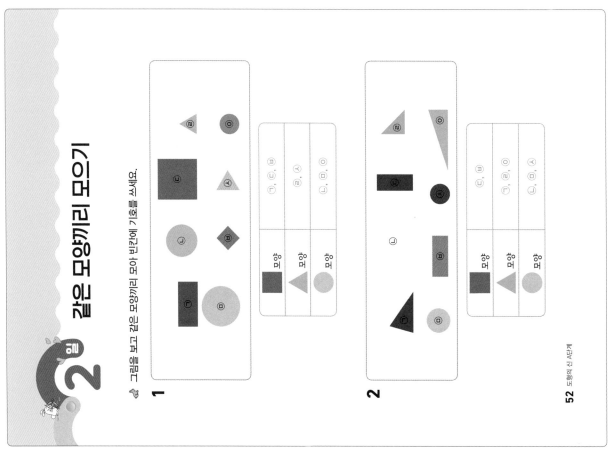

2

5 관계있는 것끼리 줄(—)로 이으세요.

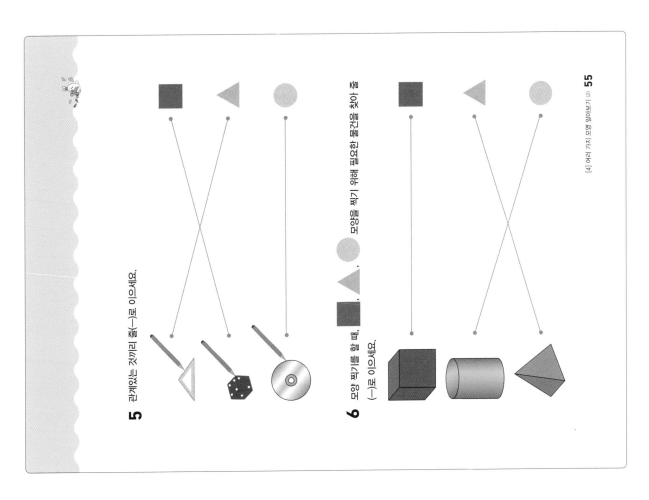

6 모양 찍기를 할 때, 모양을 찍기 위해 필요한 물건을 찾아 줄 (—)로 이으세요.

---

3 본뜬 모양 찾아보기

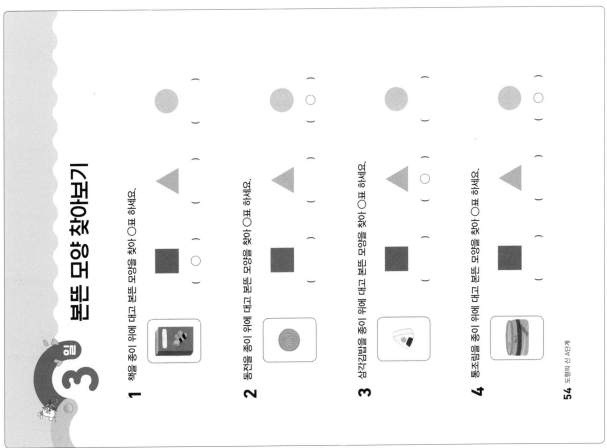

1 책을 종이 위에 대고 본뜬 모양을 찾아 ○표 하세요.

2 동전을 종이 위에 대고 본뜬 모양을 찾아 ○표 하세요.

3 삼각김밥을 종이 위에 대고 본뜬 모양을 찾아 ○표 하세요.

4 통조림을 종이 위에 대고 본뜬 모양을 찾아 ○표 하세요.

선명을 보고 모양 찾아보기

4일

다음 설명에 맞는 모양을 찾아 ○표 하세요.

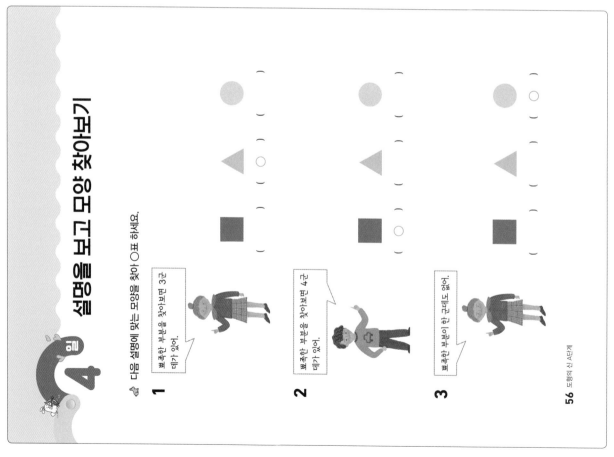

1 뾰족한 부분을 찾아보면 3군 데가 있어.

2 뾰족한 부분을 찾아보면 4군 데가 있어.

3 뾰족한 부분이 한 군데도 없어.

여러 가지 물건을 보고 물음에 답하세요.

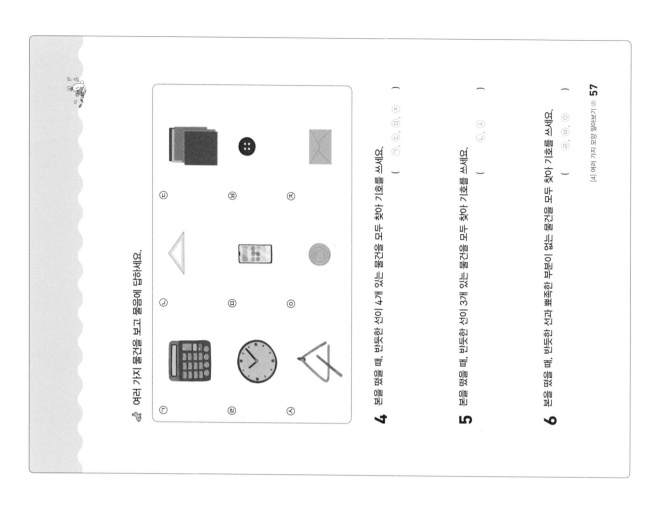

4 본을 떴을 때, 반듯한 선이 4개 있는 물건을 모두 찾아 기호를 쓰세요.

(ㄱ, ㄷ, ㅋ)

5 본을 떴을 때, 반듯한 선이 3개 있는 물건을 모두 찾아 기호를 쓰세요.

(ㄴ, ㅅ)

6 본을 떴을 때, 반듯한 선과 뾰족한 부분이 없는 물건을 모두 찾아 기호를 쓰세요.

(ㄹ, ㅇ, ㅁ)

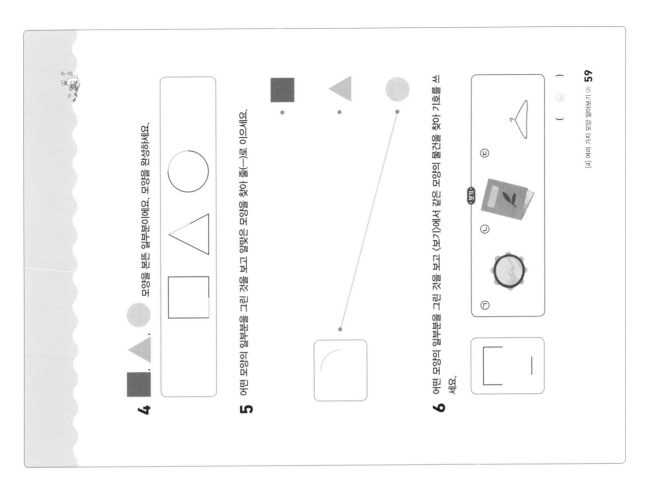

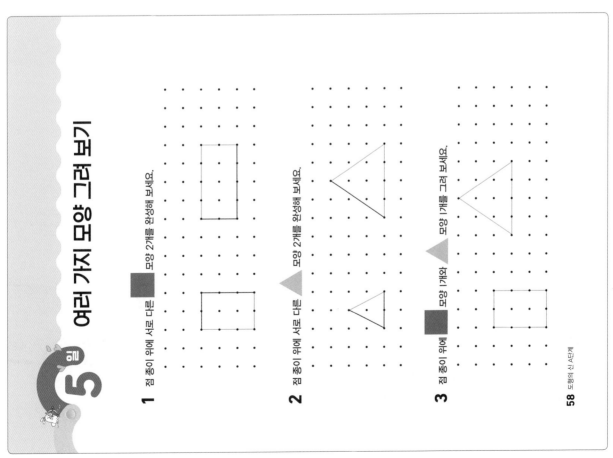

[4] 여러 가지 알아보기 (2)

4 모양을 본뜬 일부분이에요. 모양을 완성하세요.

■ ▲ ●

5 어떤 모양의 일부분을 그린 것을 보고 알맞은 모양을 찾아 줄(—)로 이으세요.

6 어떤 모양의 일부분을 그린 것을 보고 〈보기〉에서 같은 모양의 물건을 찾아 기호를 쓰세요.

〈보기〉

㉠ ㉡ ㉢

( )

5일 여러 가지 모양 그려 보기

1 점 종이 위에 서로 다른 모양 2개를 완성해 보세요.

2 점 종이 위에 서로 다른 모양 2개를 완성해 보세요.

3 점 종이 위에 모양 1개를 그려 보세요.

확인 문제

🐛 왼쪽과 같은 모양의 물건을 찾아 ○표 하세요.

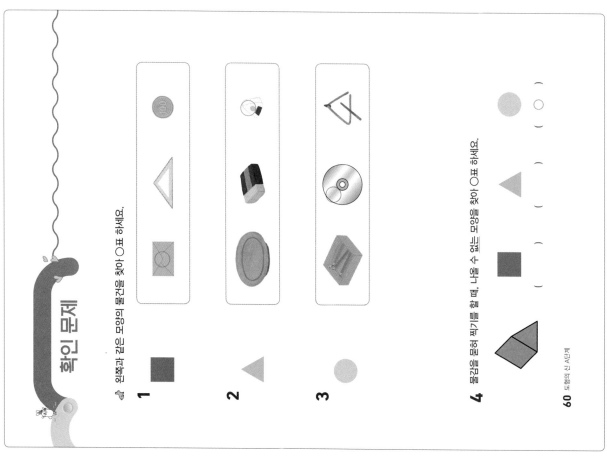

1

2

3

4 물감을 묻혀 찍기를 할 때, 나올 수 없는 모양을 찾아 ○표 하세요.

5 설명하는 모양을 찾아 줄(―)로 이으세요.

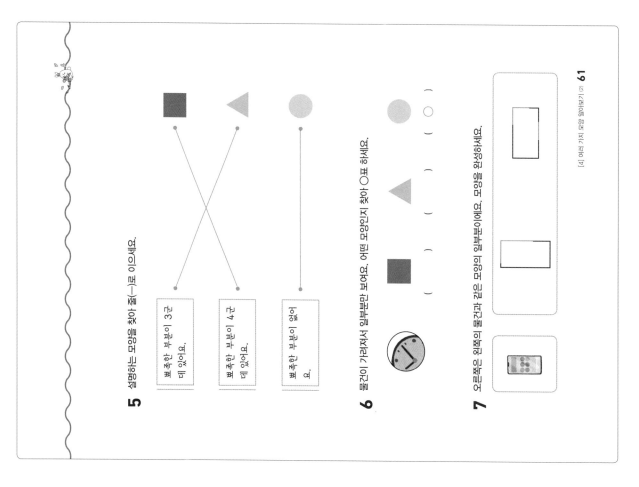

뾰족한 부분이 3군
데 있어요.

뾰족한 부분이 4군
데 있어요.

뾰족한 부분이 없어
요.

6 물건이 가려져서 일부분만 보여요. 어떤 모양인지 찾아 ○표 하세요.

7 오른쪽은 왼쪽의 물건과 같은 모양의 일부분이에요. 모양을 완성하세요.

1일 점선을 따라 자른 모양 알아보기

점선을 따라 자르면 어떤 모양이 나오는지 찾아 ○표 하고, □ 안에 그 모양의 개수를 쓰세요.

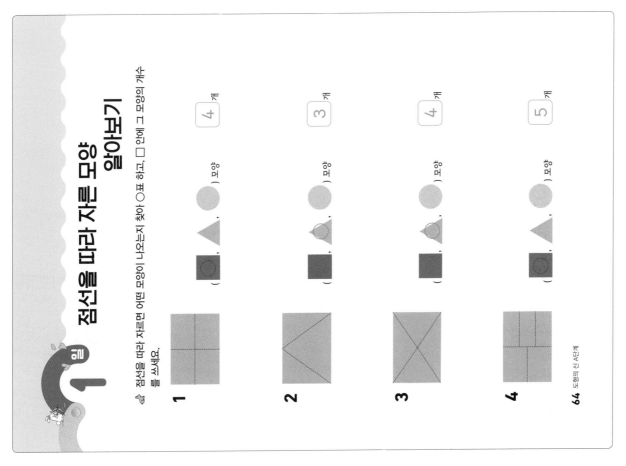

1 ( ), ( ), ( ) 모양 ☐ 4 개

2 ( ), ( ), ( ) 모양 ☐ 3 개

3 ( ), ( ), ( ) 모양 ☐ 4 개

4 ( ), ( ), ( ) 모양 ☐ 5 개

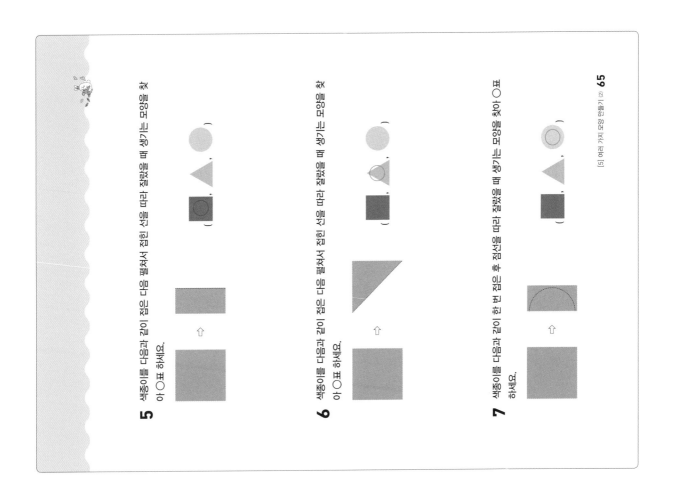

5 색종이를 다음과 같이 접은 다음 펼쳐서 점힌 선을 따라 잘랐을 때 생기는 모양을 찾아 ○표 하세요.

( ), ( ), ( )

6 색종이를 다음과 같이 접은 다음 펼쳐서 점힌 선을 따라 잘랐을 때 생기는 모양을 찾아 ○표 하세요.

( ), ( ), ( )

7 색종이를 다음과 같이 한 번 접은 후 점선을 따라 잘랐을 때 생기는 모양을 찾아 ○표 하세요.

( ), ( ), ( )

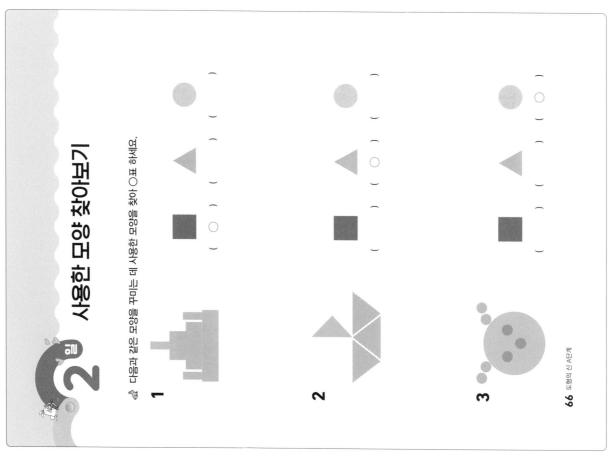

2일 사용한 모양 찾아보기

다음과 같은 모양을 꾸미는 데 사용한 모양을 찾아 ○표 하세요.

1

2

3

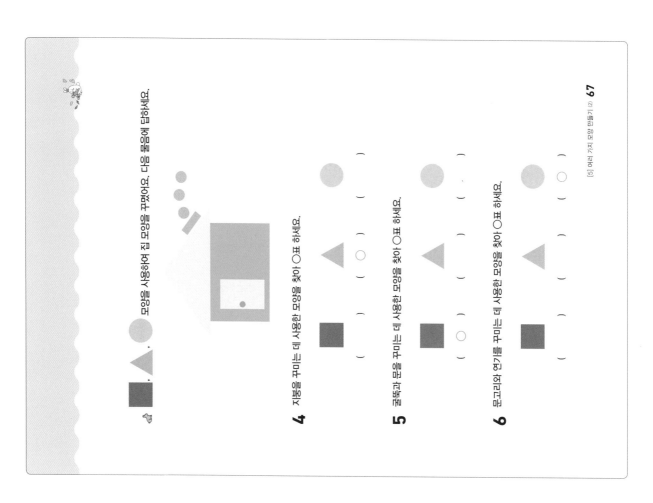

■, ▲, ● 모양을 사용하여 집 모양을 꾸몄어요. 다음 물음에 답하세요.

4 지붕을 꾸미는 데 사용한 모양을 찾아 ○표 하세요.

5 굴뚝과 문을 꾸미는 데 사용한 모양을 찾아 ○표 하세요.

6 문고리와 연기를 꾸미는 데 사용한 모양을 찾아 ○표 하세요.

주어진 모양을 사용하여 다음과 같은 모양을 꾸몄어요. 사용하지 않은 모양을 찾아 ×표 하세요.

3

4

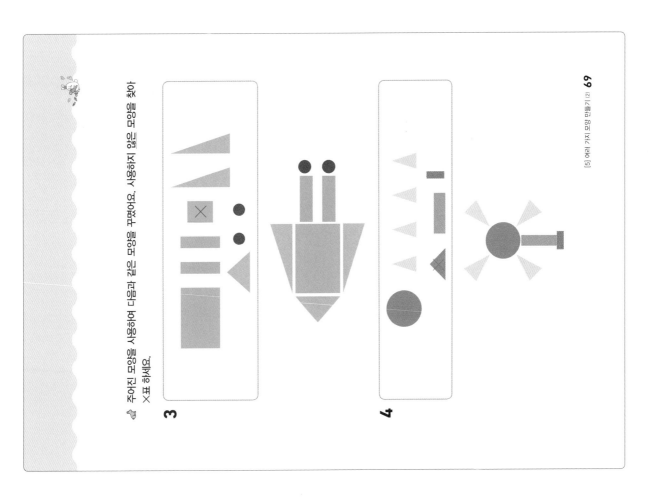

3일 만들 수 있는 모양 찾아보기

〈보기〉의 모양을 모두 사용하여 꾸밀 수 있는 모양을 찾아 ○표 하세요.

1

2

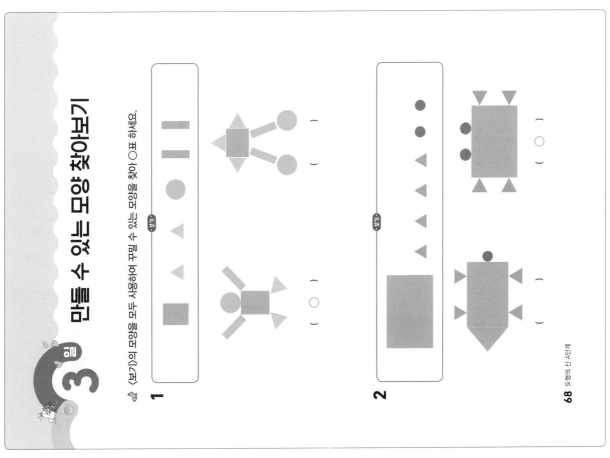

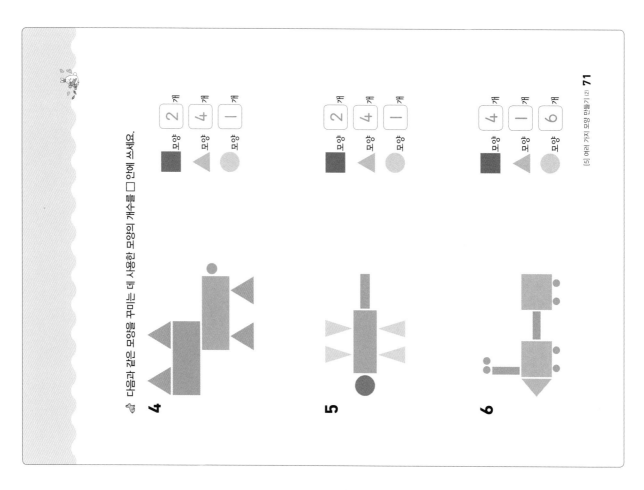

다음과 같은 모양을 꾸미는 데 사용한 모양의 개수를 □ 안에 쓰세요.

4

■ 모양 [2] 개
▲ 모양 [4] 개
● 모양 [1] 개

5

■ 모양 [2] 개
▲ 모양 [4] 개
● 모양 [1] 개

6

■ 모양 [4] 개
▲ 모양 [1] 개
● 모양 [6] 개

[5] 여러 가지 모양 만들기 (2) **71**

---

4 단계 사용한 모양의 개수 세어 보기

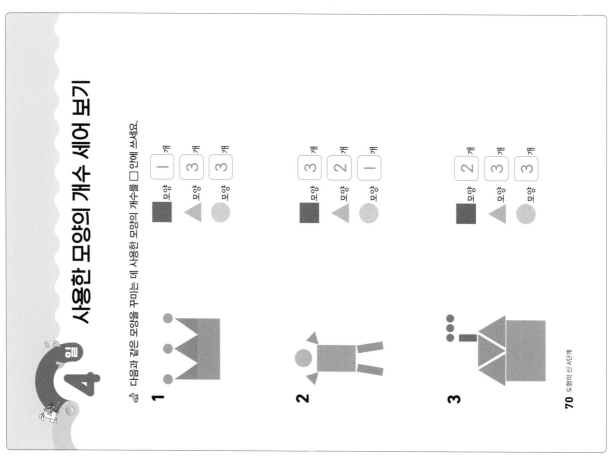

다음과 같은 모양을 꾸미는 데 사용한 모양의 개수를 □ 안에 쓰세요.

1

■ 모양 [1] 개
▲ 모양 [3] 개
● 모양 [3] 개

2

■ 모양 [3] 개
▲ 모양 [2] 개
● 모양 [1] 개

3

■ 모양 [2] 개
▲ 모양 [3] 개
● 모양 [3] 개

70 도형의 신 4단계

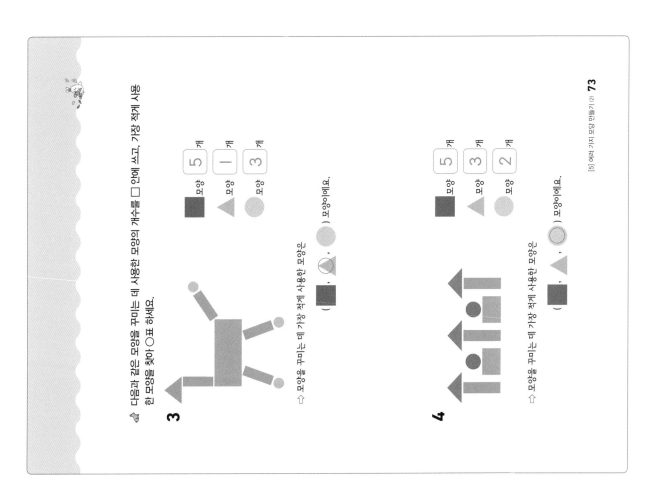

5일 사용한 모양의 개수 비교하기

다음과 같은 모양을 꾸미는 데 사용한 모양의 개수를 □ 안에 쓰고, 가장 많이 사용한 모양을 찾아 ○표 하세요.

1

모양 2 개
모양 2 개
모양 3 개

⇨ 모양을 꾸미는 데 가장 많이 사용한 모양은
(▲ , ●) 모양이에요.

2

모양 5 개
모양 3 개
모양 1 개

⇨ 모양을 꾸미는 데 가장 많이 사용한 모양은
(▲ , ●) 모양이에요.

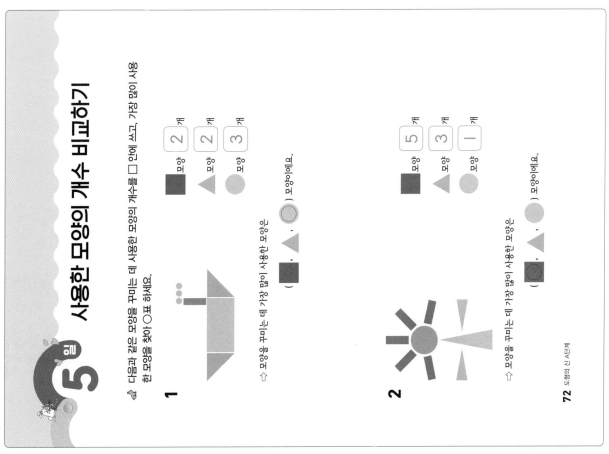

다음과 같은 모양을 꾸미는 데 사용한 모양의 개수를 □ 안에 쓰고, 가장 적게 사용한 모양을 찾아 ○표 하세요.

3

모양 5 개
모양 1 개
모양 3 개

⇨ 모양을 꾸미는 데 가장 적게 사용한 모양은
(▲ , ●) 모양이에요.

4

모양 5 개
모양 3 개
모양 2 개

⇨ 모양을 꾸미는 데 가장 적게 사용한 모양은
(▲ , ●) 모양이에요.

확인 문제

점선을 따라 자르면 어떤 모양이 나오는지 찾아 ○표 하고, ☐ 안에 그 모양의 개수를 쓰세요.

1

(☐ , ▲ , ●) 모양

3 개

2

(☐ , ▲ , ●) 모양

8 개

3 주어진 모양을 사용하여 다음과 같은 모양을 꾸몄어요. 사용하지 않은 모양을 찾아 ×표 하세요.

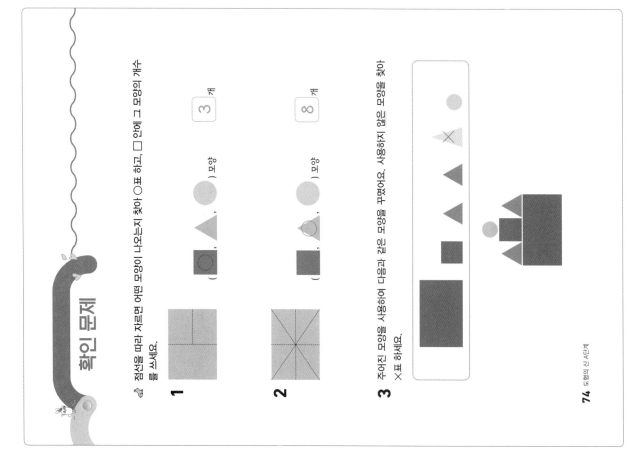

4 다음과 같은 모양을 꾸미는 데 사용한 모양의 개수를 ☐ 안에 쓰세요.

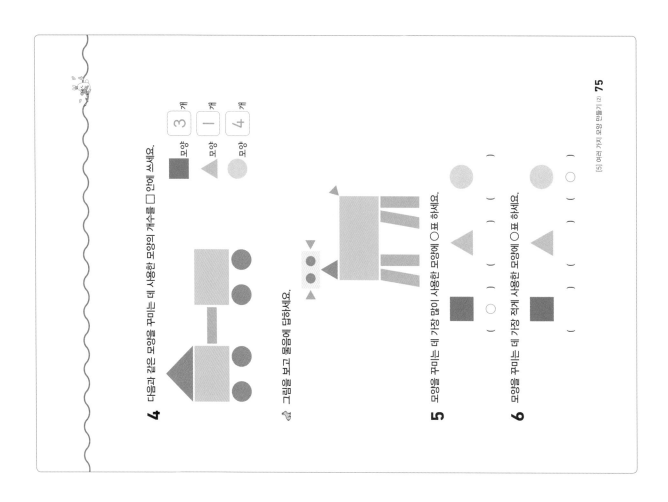

☐ 모양 3 개

▲ 모양 1 개

● 모양 4 개

그림을 보고 물음에 답하세요.

5 모양을 꾸미는 데 가장 많이 사용한 모양에 ○표 하세요.

(☐) (▲) (●)

6 모양을 꾸미는 데 가장 적게 사용한 모양에 ○표 하세요.

(☐) (▲) (●)

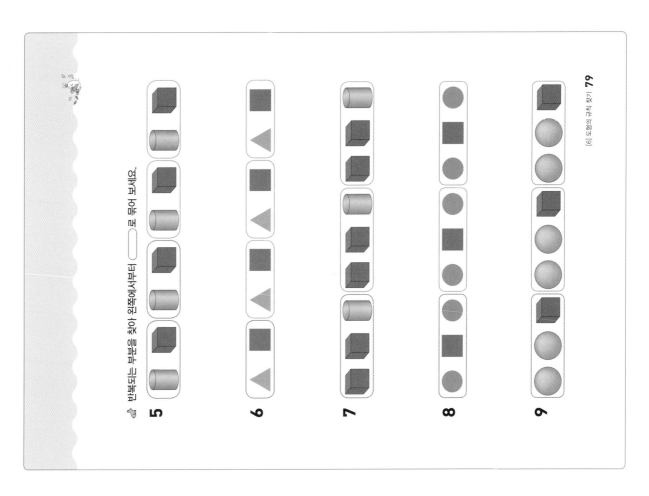

1일 반복되는 모양의 규칙 찾기 (1)

✿ 반복되는 규칙을 찾아 보세요.

1 모양과 ⬆ 모양이 반복되는 규칙이에요.

2 모양, ⬆ 모양이 반복되는 규칙이에요.

3 모양, ⬆ 모양이 반복되는 규칙이에요.

4 모양, ⬆ 모양이 반복되는 규칙이에요.

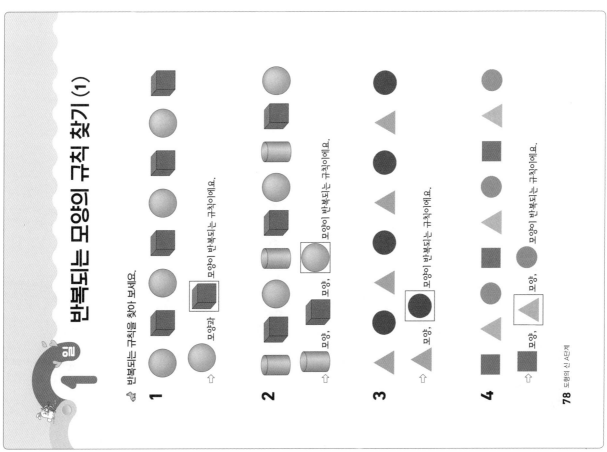

✿ 반복되는 부분을 찾아 왼쪽에서부터 ⬯으로 묶어 보세요.

5

6

7

8

9

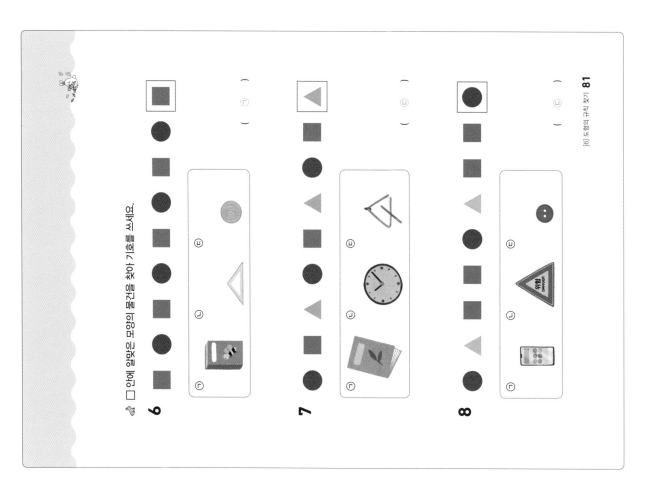

□ 안에 알맞은 모양의 물건을 찾아 기호를 쓰세요.

6

ⓒ   ⓛ   ⓐ ( )

7

ⓒ   ⓛ   ⓐ ( )

8

ⓒ   ⓛ   ⓐ ( )

2일

반복되는 모양의 규칙 찾기 (2)

규칙에 따라 □ 안에 알맞은 모양을 찾아 그려 보세요.

1

2

3

4

5

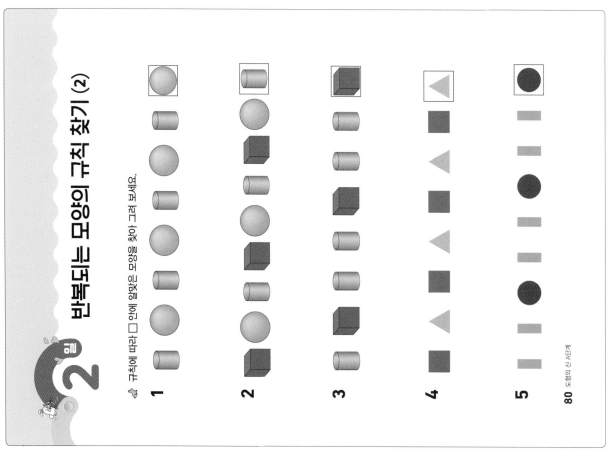

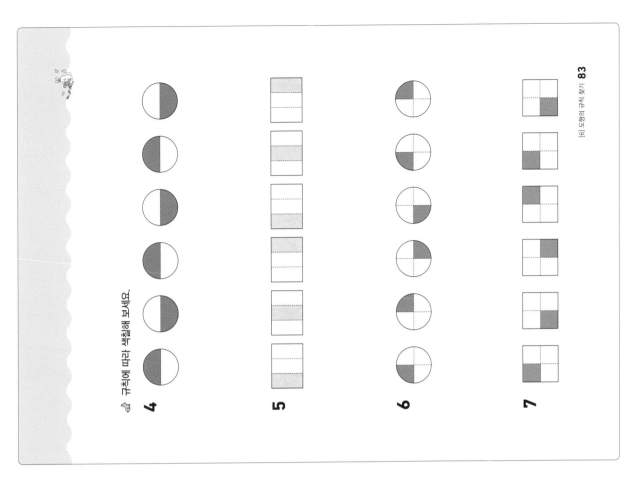

규칙에 따라 색칠해 보세요.

4

5

6

7

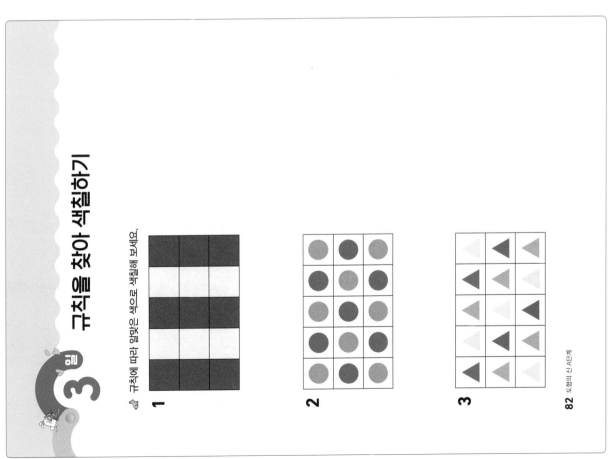

규칙을 찾아 색칠하기

규칙에 따라 알맞은 색으로 색칠해 보세요.

1

2

3

규칙에 따라 빈칸에 알맞은 모양을 그리고 색칠해 보세요.

3

4

5

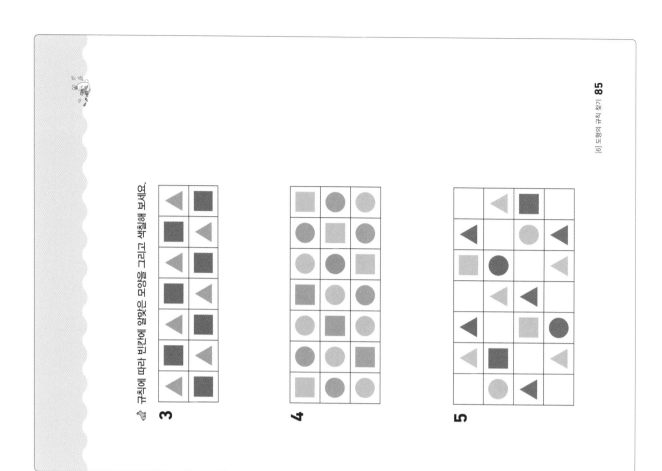

4일

반복되는 모양과 색깔의 규칙 찾기

반복되는 모양과 반복되는 색깔의 규칙을 찾아 보세요.

1

(1) 모양의 규칙을 찾아보면 ● 모양과 ◆ 모양이 반복되고 있어요.

(2) 색깔의 규칙을 찾아보면 빨간색과 노란색 이 반복되고 있어요.

2

(1) 모양의 규칙을 찾아보면 ■ 모양, ▲ 모양, ● 모양이 반복되고 있어요.

(2) 색깔의 규칙을 찾아보면 빨간색, 파란색, 초록색 이 반복되고 있어요.

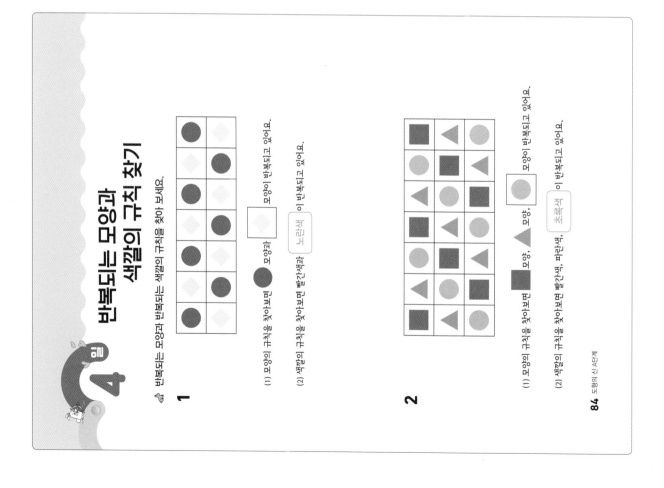

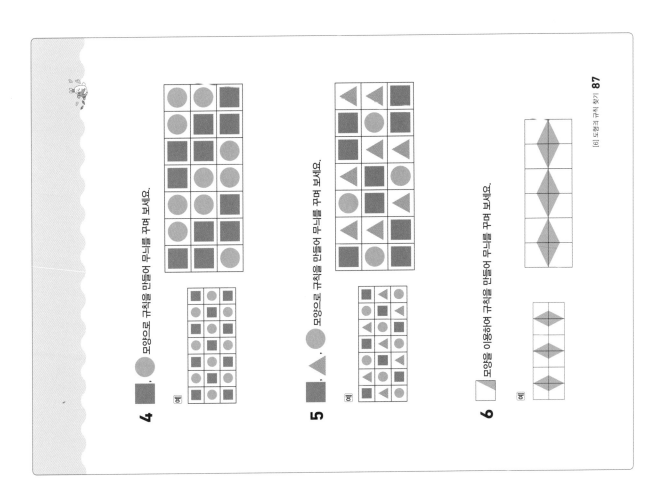

4 ● . ■ 모양으로 규칙을 만들어 무늬를 꾸며 보세요.

5 ■ . ▲ . ● 모양으로 규칙을 만들어 무늬를 꾸며 보세요.

6 ◣ 모양을 이용하여 규칙을 만들어 무늬를 꾸며 보세요.

[6] 도형의 규칙 찾기 **87**

5일 규칙을 만들어 무늬 꾸미기

〈보기〉를 이용하여 규칙에 따라 무늬를 꾸며 보세요.

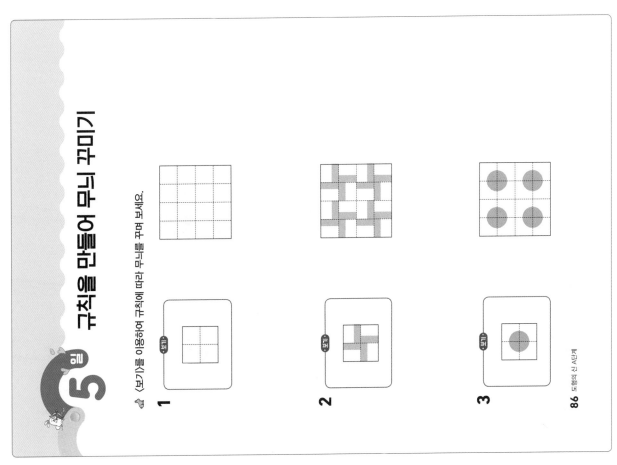

1

2

3

86 도형의 신 A단계

도형의 신 A단계 **35**

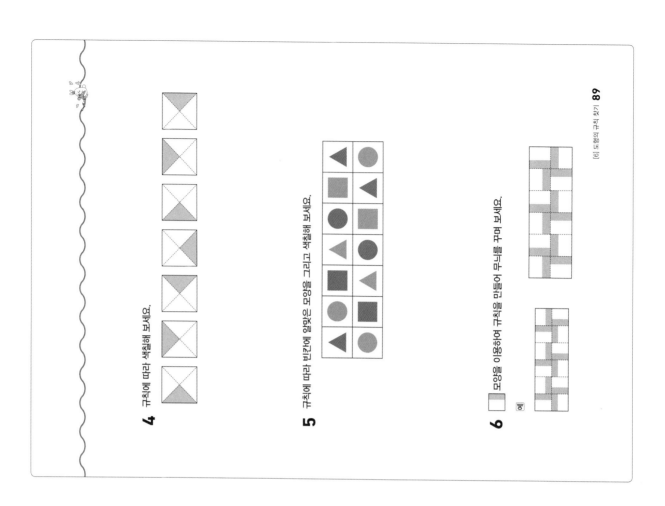

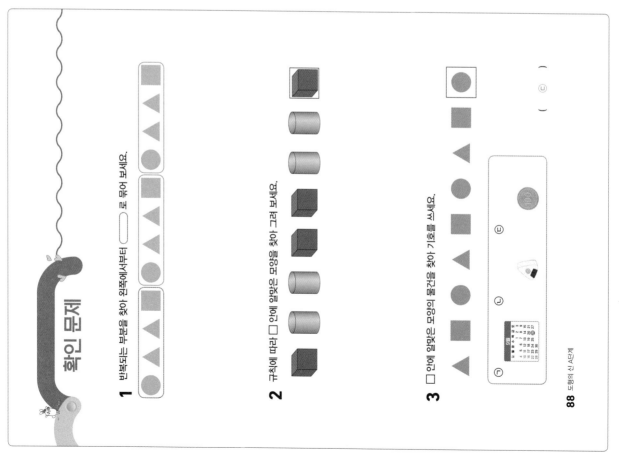

확인 문제

1 반복되는 부분을 찾아 왼쪽에서부터 ◯ 로 묶어 보세요.

2 규칙에 따라 ▢ 안에 알맞은 모양을 찾아 그려 보세요.

3 ▢ 안에 알맞은 모양의 물건을 찾아 기호를 쓰세요.

4 규칙에 따라 색칠해 보세요.

5 규칙에 따라 빈칸에 알맞은 모양을 그리고 색칠해 보세요.

6 모양을 이용하여 규칙을 만들어 무늬를 꾸며 보세요.

유형 1 길이 비교하기 (1)

더 긴 것에 ○표 하세요.

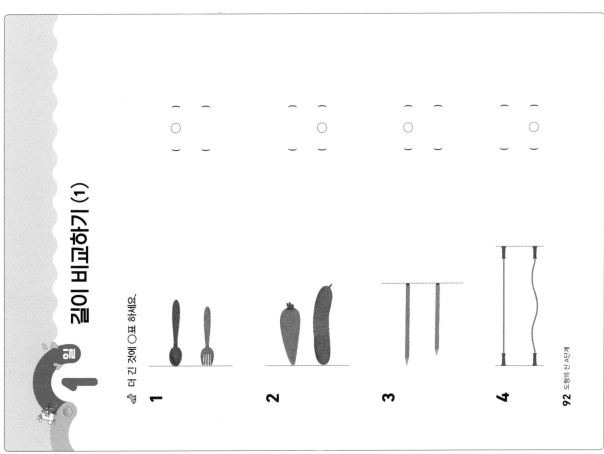

1

2

3

4

더 짧은 것에 △표 하세요.

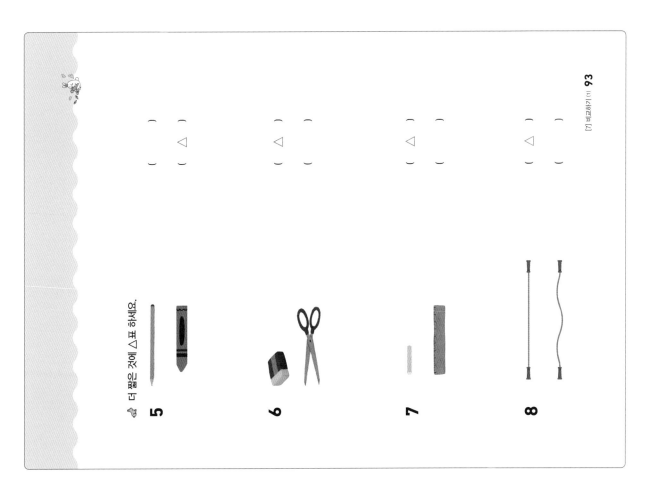

5

6

7

8

2일 길이 비교하기 (2)

가장 긴 것에 ○표, 가장 짧은 것에 △표 하세요.

1

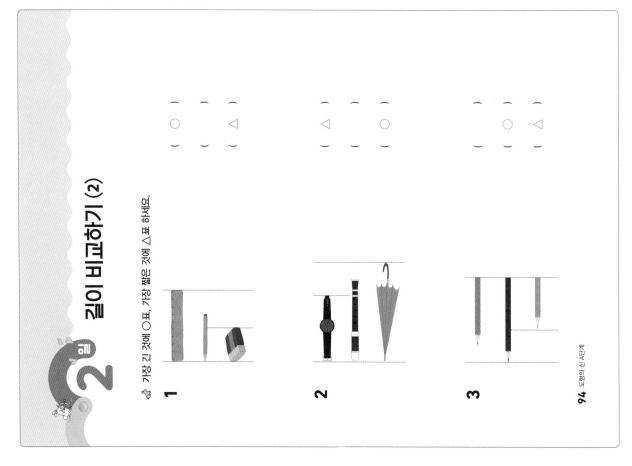

(○)　( )　(△)

2

(△)　( )　(○)

3

( )　(○)　(△)

가장 긴 것부터 차례대로 1, 2, 3을 쓰세요.

4

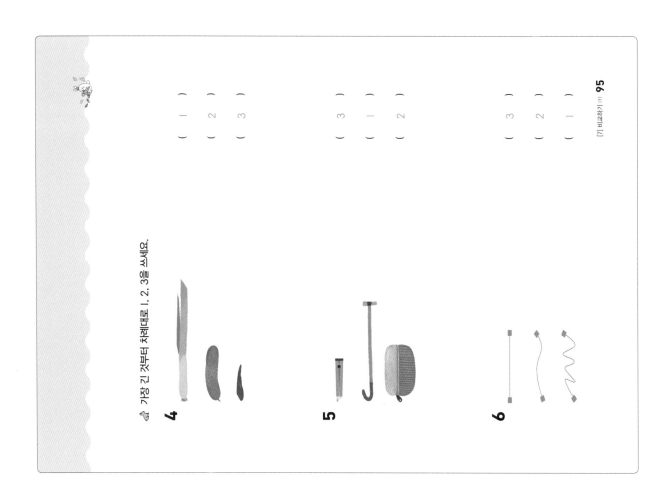

(1)
(2)
(3)

5

(3)
(1)
(2)

6

(3)
(2)
(1)

가장 높은 것에 ○표, 가장 낮은 것에 △표 하세요.

9

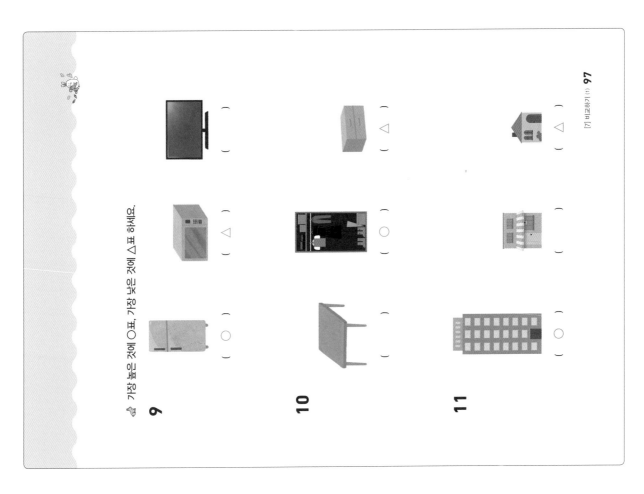

10

11

---

3 놀이 비교하기 (1)

더 높은 것에 ○표 하세요.

1

2

더 낮은 것에 △표 하세요.

5

7

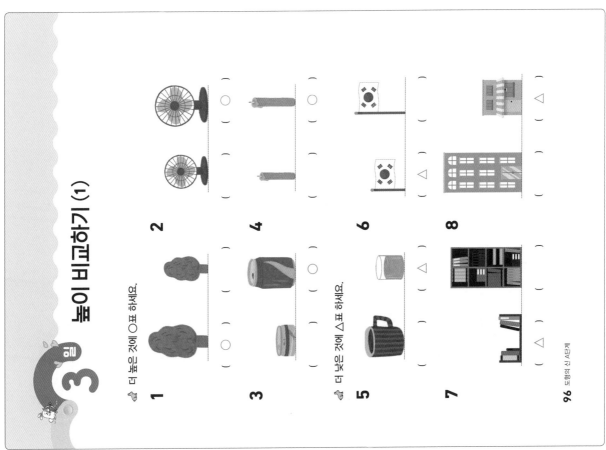

4 놀이 비교하기 (2)

똑같은 모양으로 쌓았어요. 더 높이 쌓은 것에 ○표 하세요.

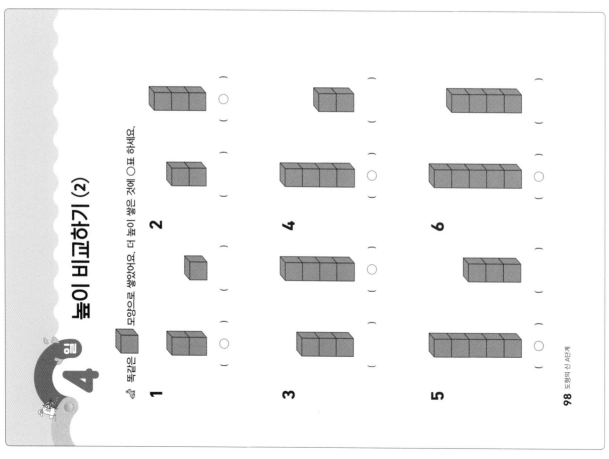

1

2

3

4

5

6

똑같은 모양으로 쌓았어요. 가장 높이 쌓은 것에 ○표, 가장 낮게 쌓은 것에 △표 하세요.

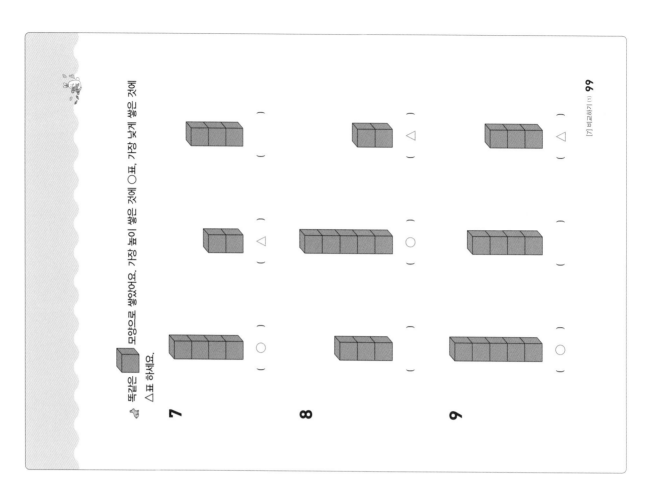

7

8

9

5일 키 비교하기

키가 더 큰 사람을 찾아 ○표 하세요.

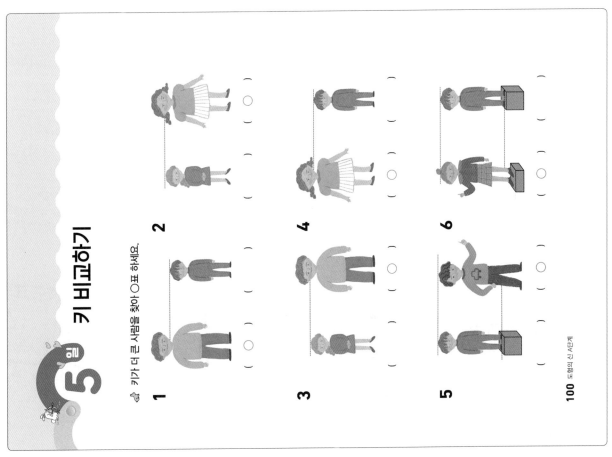

1

2

3

4

5

6

키가 가장 큰 사람에 ○표, 가장 작은 사람에 △표 하세요.

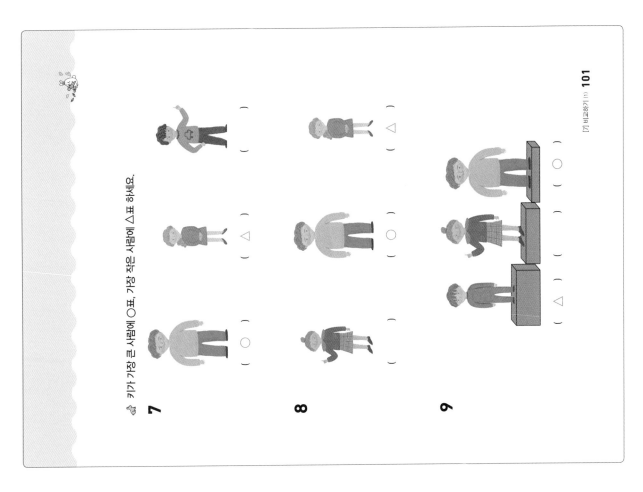

7

8

9

확인 문제

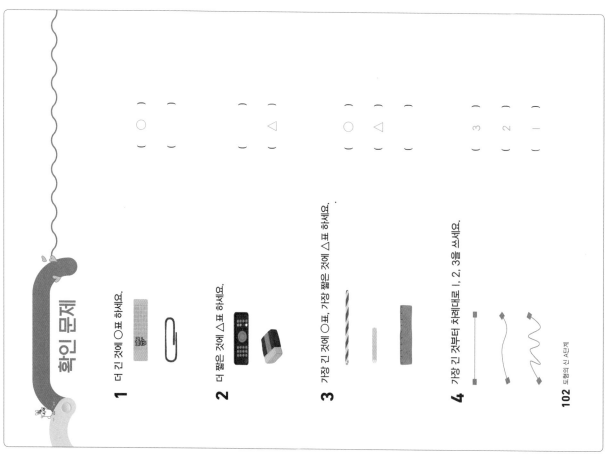

1 더 긴 것에 ○표 하세요.

2 더 짧은 것에 △표 하세요.

3 가장 긴 것에 ○표, 가장 짧은 것에 △표 하세요.

4 가장 긴 것부터 차례대로 1, 2, 3을 쓰세요.

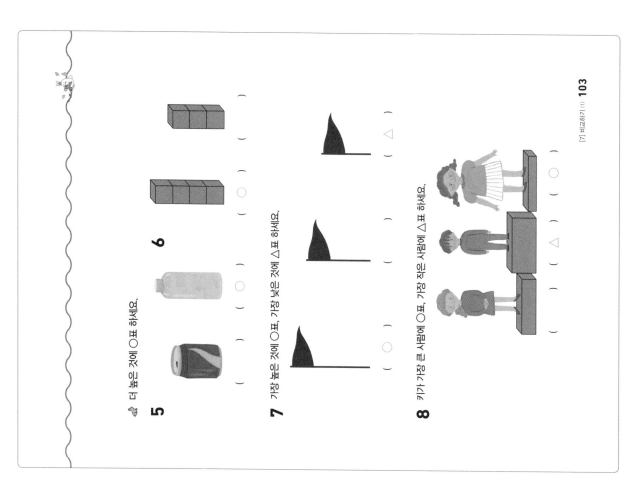

5 더 높은 것에 ○표 하세요.

6

7 가장 높은 것에 ○표, 가장 낮은 것에 △표 하세요.

8 키가 가장 큰 사람에 ○표, 가장 작은 사람에 △표 하세요.

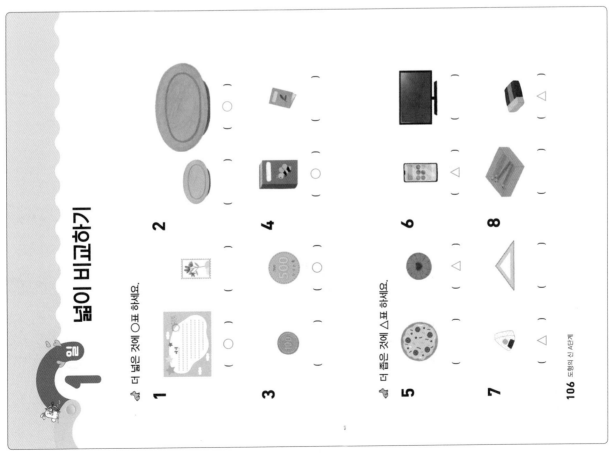

1일 넓이 비교하기

더 넓은 것에 ○표 하세요.

1

2

3

4

더 좁은 것에 △표 하세요.

5

6

7

8

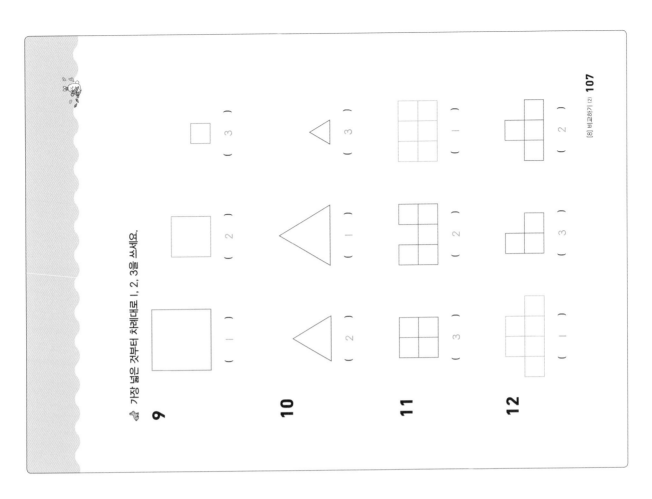

가장 넓은 것부터 차례대로 1, 2, 3을 쓰세요.

9

(1)   (2)   (3)

10

(2)   (1)   (3)

11

(3)   (2)   (1)

12

(1)   (3)   (2)

2일 무게 비교하기 (1)

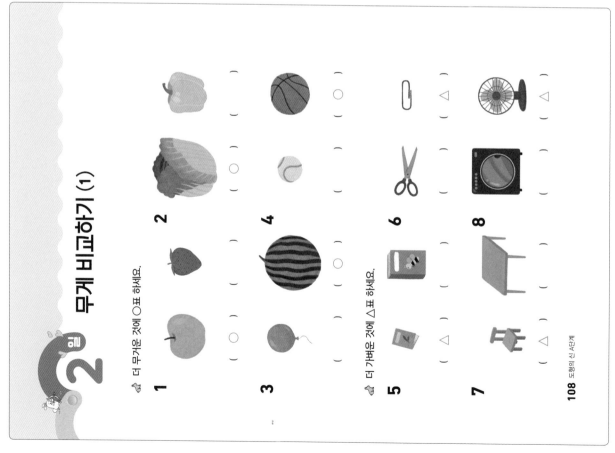

더 무거운 것에 ○표 하세요.

1 (○)
2 (○)
3 (○)
4 (○)

더 가벼운 것에 △표 하세요.

5 (△)
6 (△)
7 (△)
8 (△)

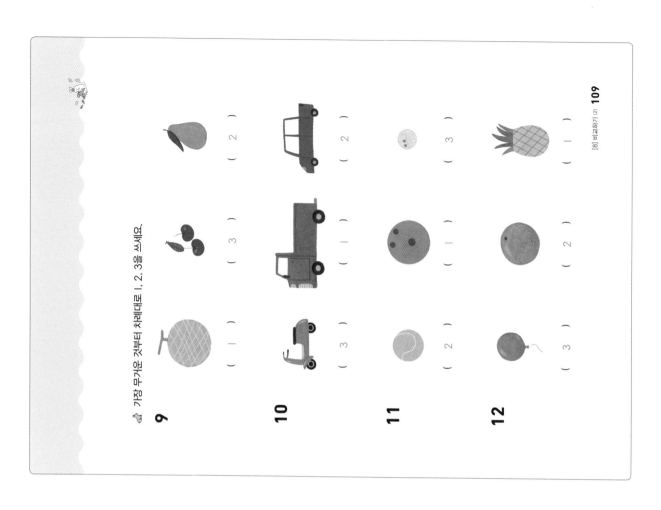

가장 무거운 것부터 차례대로 1, 2, 3을 쓰세요.

9 (1) (3) (2)
10 (3) (1) (2)
11 (2) (1) (3)
12 (3) (2) (1)

알맞은 말에 ○표 하세요.

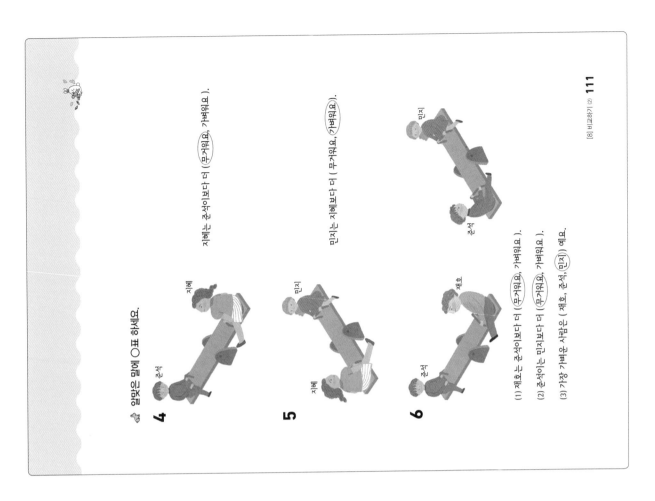

4 지혜는 준석이보다 더 (무거워요, 가벼워요).

5 민지는 지혜보다 더 무거워요, 가벼워요).

6 (1) 제호는 준석이보다 더 (무거워요, 가벼워요).
(2) 준석이는 민지보다 더 (무거워요, 가벼워요).
(3) 가장 가벼운 사람은 (제호, 준석, 민지)예요.

3일 무게 비교하기 (2)

알맞은 말에 ○표 하세요.

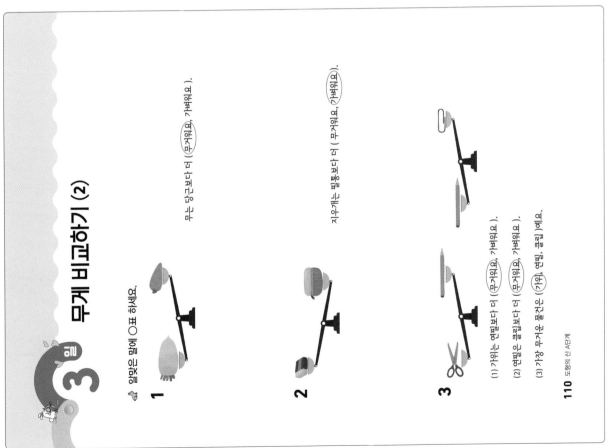

1 무는 당근보다 더 (무거워요, 가벼워요).

2 지우개는 필통보다 더 (무거워요, 가벼워요).

3 (1) 가위는 연필보다 더 (무거워요, 가벼워요).
(2) 연필은 클립보다 더 (무거워요, 가벼워요).
(3) 가장 무거운 물건은 (가위, 연필, 클립)예요.

4일 담을 수 있는 양 비교하기 (1)

물이 더 많이 들어 있는 것에 ○표 하세요.

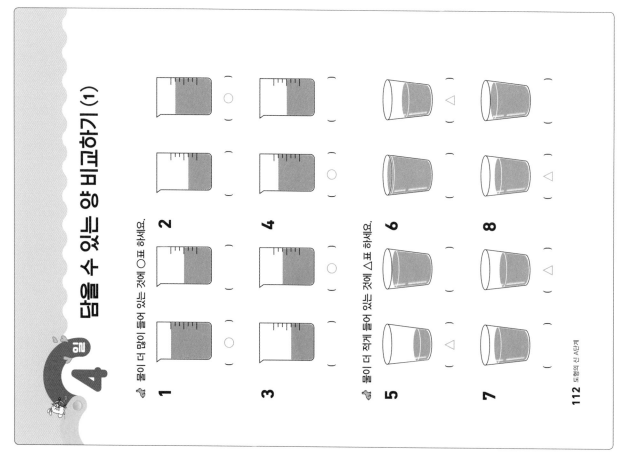

물이 더 적게 들어 있는 것에 △표 하세요.

물이 가장 많이 들어 있는 것부터 차례대로 1, 2, 3을 쓰세요.

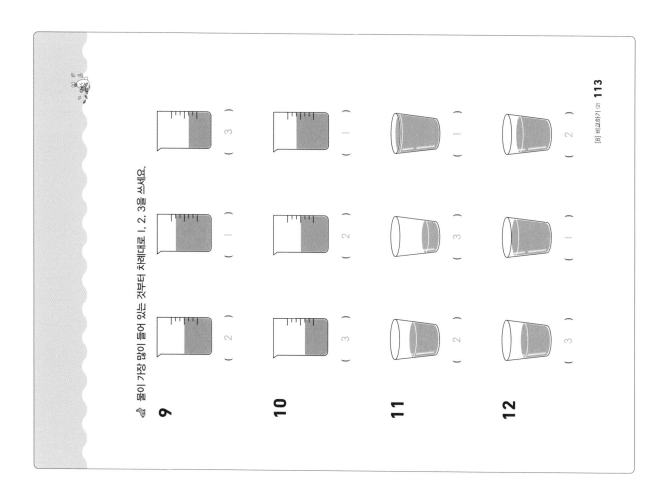

5회 담을 수 있는 양 비교하기 (2)

물이 더 많이 들어 있는 것에 ○표 하세요.

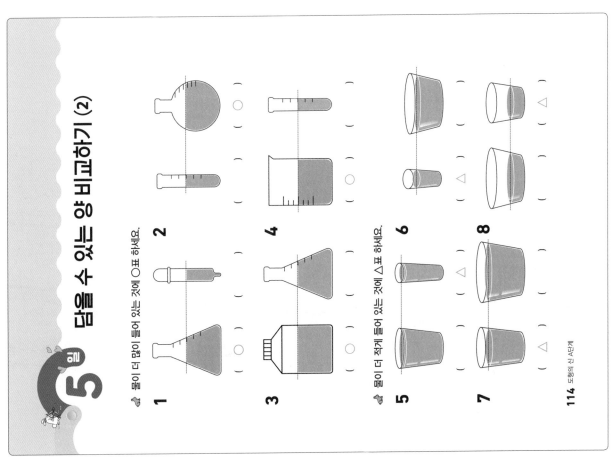

물이 더 적게 들어 있는 것에 △표 하세요.

물이 가장 많이 들어 있는 것부터 차례대로 1, 2, 3을 쓰세요.

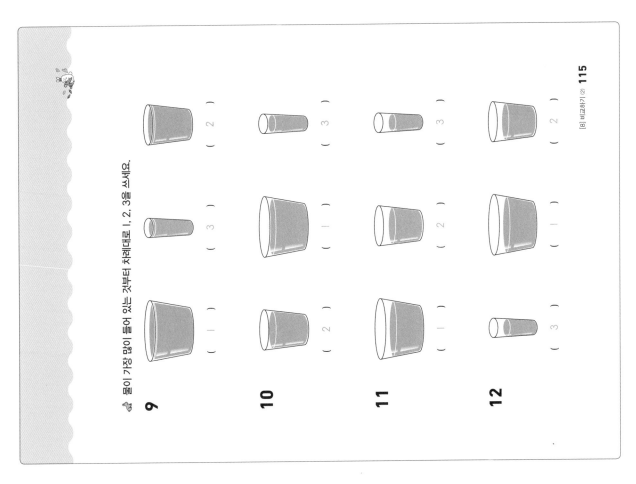

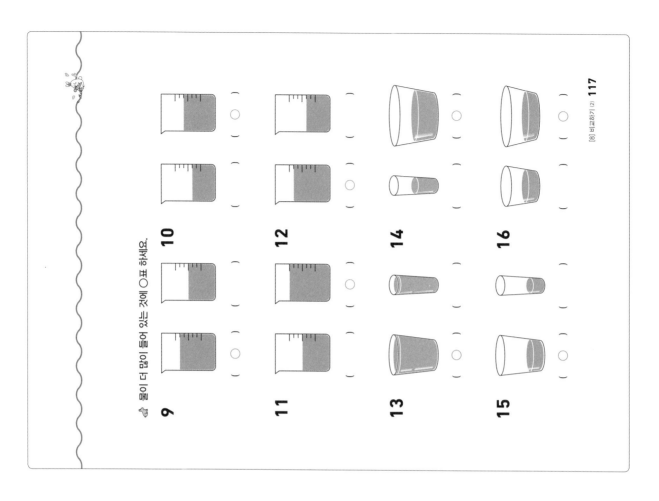

물이 더 많이 들어 있는 것에 ○표 하세요.

9

10

11

12

13

14

15

16

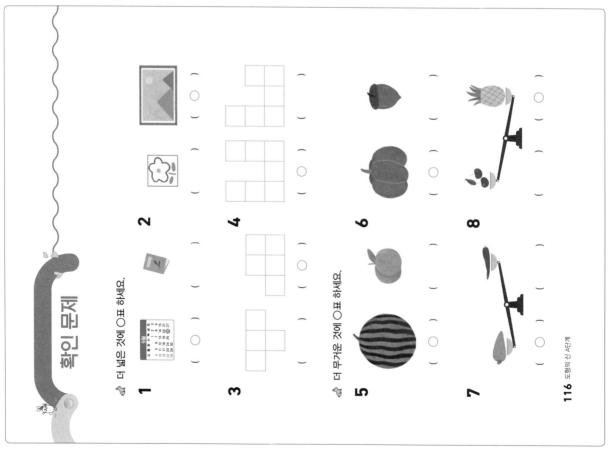

확인 문제

더 넓은 것에 ○표 하세요.

1

2

3

4

더 무거운 것에 ○표 하세요.

5

6

7

8

5 관계있는 것끼리 줄(—)로 이으세요.

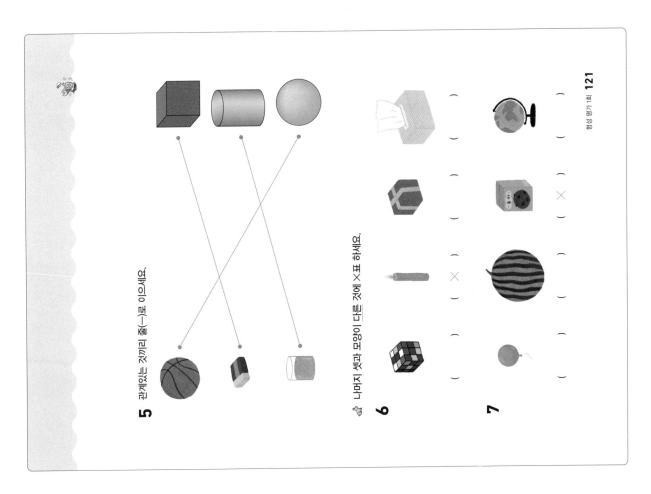

6 나머지 셋과 모양이 다른 것에 ×표 하세요.

7

여러 가지 모양 찾아보기

1회

다음 물건은 어떤 모양인지 ◯표 하세요.

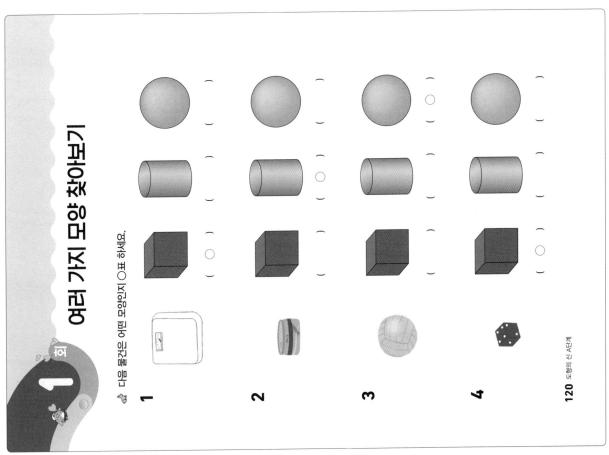

1

2

3

4

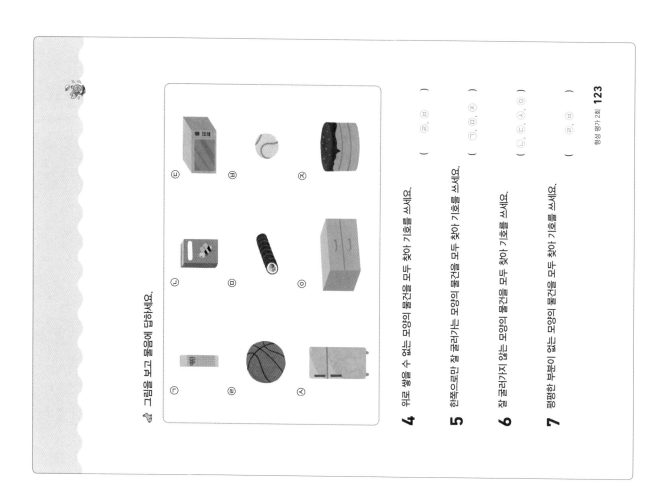

그림을 보고 물음에 답하세요.

4 위로 쌓을 수 없는 모양의 물건을 모두 찾아 기호를 쓰세요.

(ㄹ, ㅂ)

5 한쪽으로만 잘 굴러가는 모양의 물건을 모두 찾아 기호를 쓰세요.

(ㄱ, ㅁ, ㅈ)

6 잘 굴러가지 않는 모양의 물건을 모두 찾아 기호를 쓰세요.

(ㄴ, ㄷ, ㅇ, ㅅ)

7 평평한 부분이 없는 모양의 물건을 모두 찾아 기호를 쓰세요.

(ㄹ, ㅂ)

여러 가지 모양 알아보기 (1)

어떤 모양의 일부분을 나타낸 것이에요. 어떤 모양인지 〈보기〉에서 같은 모양을 찾아 기호를 쓰세요.

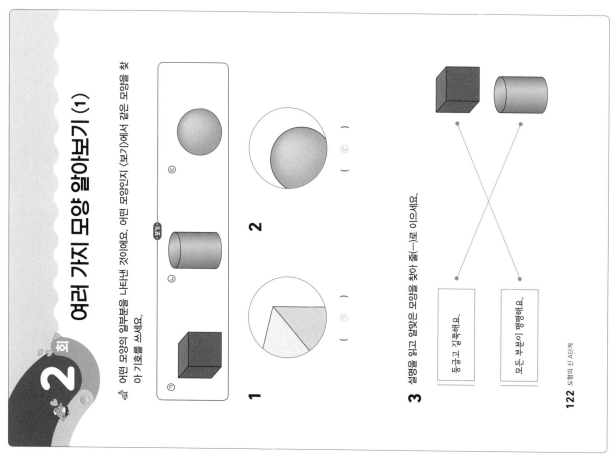

1 (ㄱ)   2 (ㄷ)

3 설명을 읽고 알맞은 모양을 찾아 줄(—)로 이으세요.

둥글고 기죽해요.

모든 부분이 평평해요.

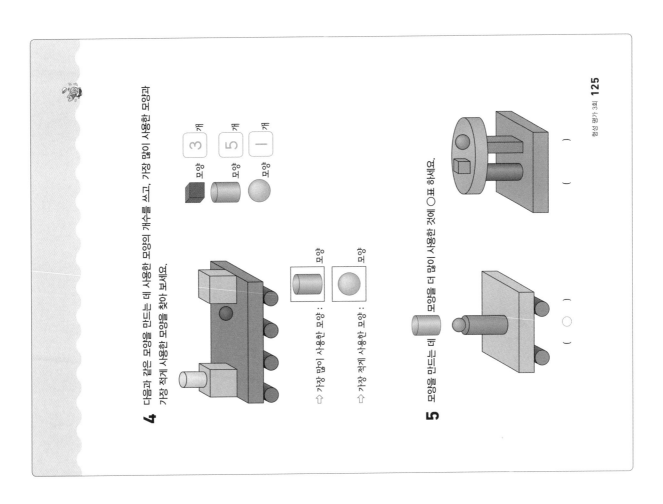

4 다음과 같은 모양을 만드는 데 사용한 모양의 개수를 쓰고, 가장 많이 사용한 모양과 가장 적게 사용한 모양을 찾아 보세요.

모양 ▣ 3 개

모양 ▭ 5 개

모양 ● 1 개

⇨ 가장 많이 사용한 모양 : ▭ 모양

⇨ 가장 적게 사용한 모양 : ● 모양

5 모양을 만드는 데 모양을 더 많이 사용한 것에 ◯표 하세요.

( ) ( )

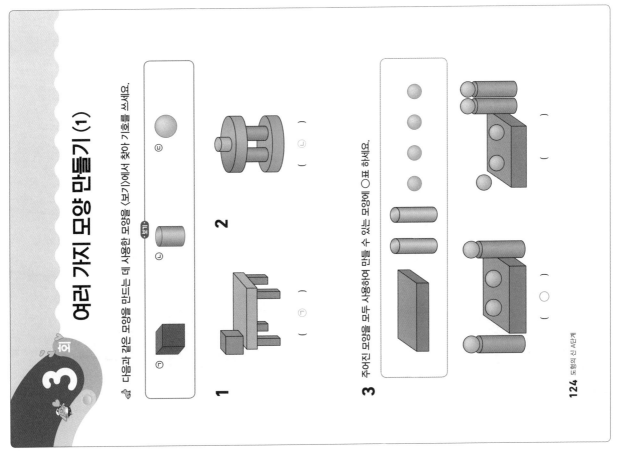

3회 여러 가지 모양 만들기 (1)

다음과 같은 모양을 만드는 데 사용한 모양을 〈보기〉에서 찾아 기호를 쓰세요.

〈보기〉

㉠   ㉡   ㉢

1

(㉢)

2

(㉡)

3 주어진 모양을 모두 사용하여 만들 수 있는 모양에 ◯표 하세요.

( ) ( )

4회 여러 가지 모양 알아보기 (2)

1 그림을 보고 같은 모양끼리 모아 빈칸에 기호를 쓰세요.

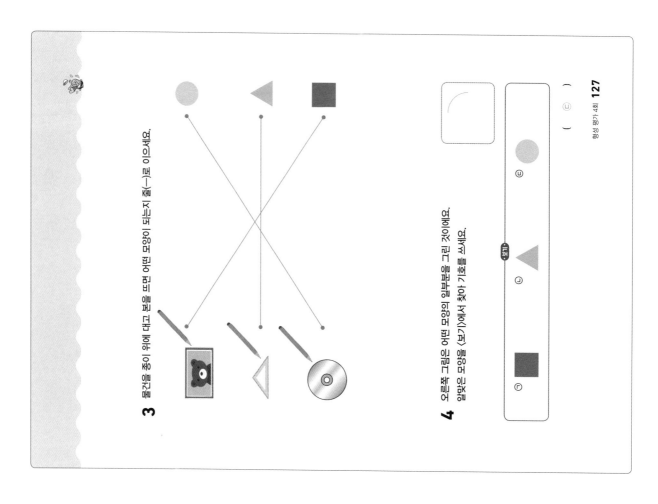

■ 모양	▲ 모양	● 모양
㉠, ㉤, ㉥	㉢, ㉧, ㉨	㉣, ㉪

2 반듯한 선과 뾰족한 부분이 없는 물건을 모두 찾아 ○표 하세요.

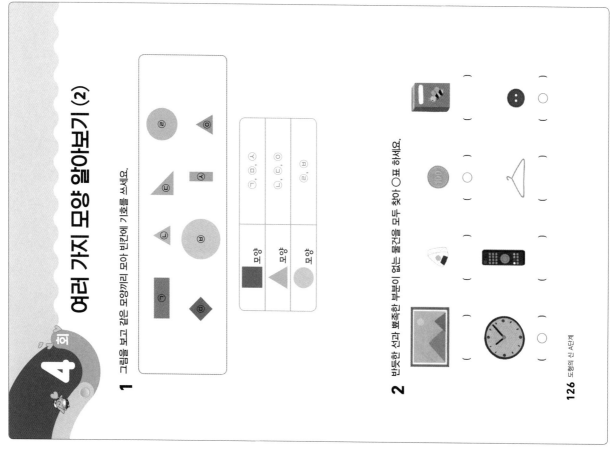

---

3 물건을 종이 위에 대고 본을 뜨면 어떤 모양이 되는지 줄(—)로 이으세요.

4 오른쪽 그림은 어떤 모양의 일부분을 그린 것이에요. 알맞은 모양을 〈보기〉에서 찾아 기호를 쓰세요.

〈보기〉
㉠ ■   ㉡ ▲   ㉢ ●

(㉡)

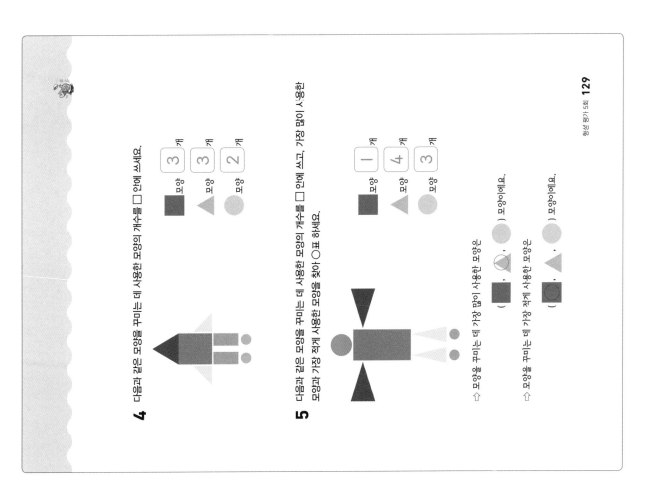

4 다음과 같은 모양을 꾸미는 데 사용한 모양의 개수를 □ 안에 쓰세요.

모양 3 개

모양 3 개

모양 2 개

5 다음과 같은 모양을 꾸미는 데 사용한 모양의 개수를 □ 안에 쓰고, 가장 많이 사용한 모양과 가장 적게 사용한 모양을 찾아 ○표 하세요.

모양 1 개

모양 4 개

모양 3 개

⇨ 모양을 꾸미는 데 가장 많이 사용한 모양은 ( ) 모양이에요.

⇨ 모양을 꾸미는 데 가장 적게 사용한 모양은 ( ) 모양이에요.

여러 가지 모양 만들기 (2)

1 점선을 따라 자르면 어떤 모양이 나오는지 찾아 ○표 하고, □ 안에 그 모양의 개수를 쓰세요.

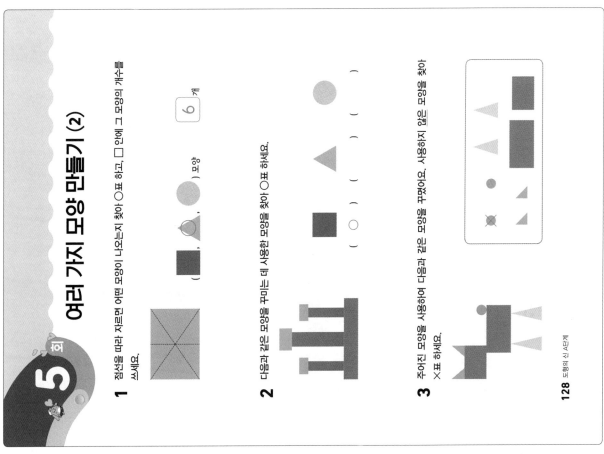

(, ,) 모양

6 개

2 다음과 같은 모양을 꾸미는 데 사용한 모양을 찾아 ○표 하세요.

( ) ( ) ( ) ( )

3 주어진 모양을 사용하여 다음과 같은 모양을 꾸몄어요. 사용하지 <u>않은</u> 모양을 찾아 ×표 하세요.

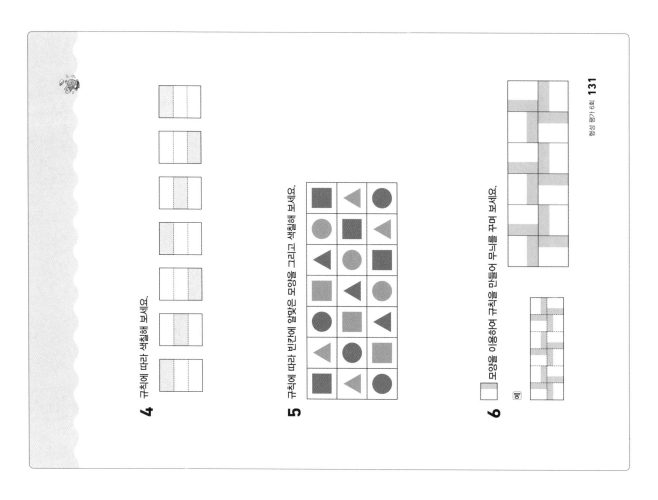

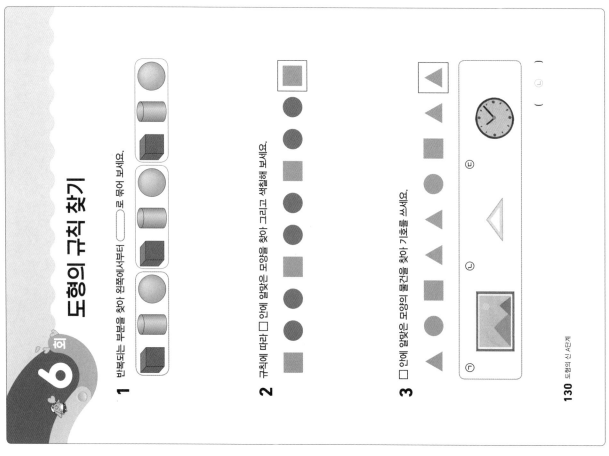

6회 도형의 규칙 찾기

1 반복되는 부분을 찾아 왼쪽에서부터 ◯로 묶어 보세요.

2 규칙에 따라 ☐ 안에 알맞은 모양을 찾아 그리고 색칠해 보세요.

3 ☐ 안에 알맞은 모양의 물건을 찾아 기호를 쓰세요.

4 규칙에 따라 색칠해 보세요.

5 규칙에 따라 빈칸에 알맞은 모양을 그리고 색칠해 보세요.

6 ☐ 모양을 이용하여 규칙을 만들어 무늬를 꾸며 보세요.

예

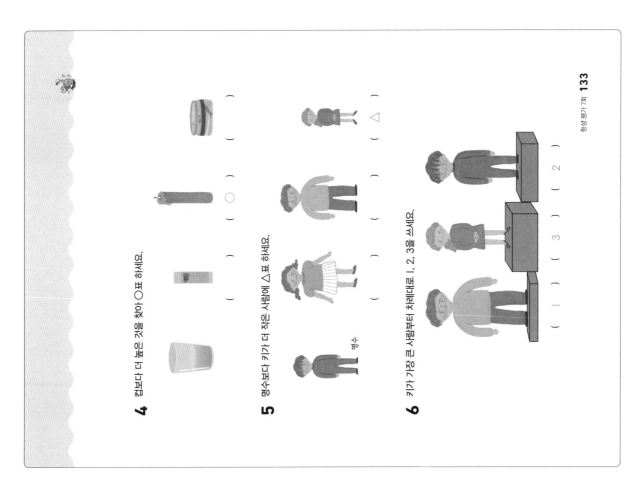

7차 비교하기 (1)

1 더 긴 것에 ◯표 하세요.

(◯)
( )

2 지우개보다 더 긴 것에 ◯표, 더 짧은 것에 △표 하세요.

(◯)
(△)

3 가장 긴 것에 ◯표, 가장 짧은 것에 △표 하세요.

(◯)
(△)
( )

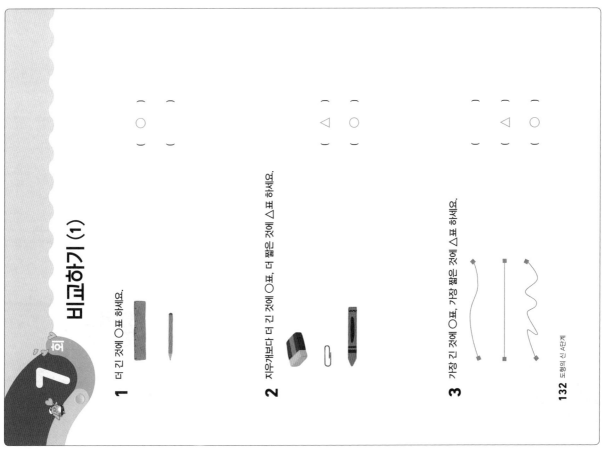

4 컵보다 더 높은 것을 찾아 ◯표 하세요.

( ) (◯) ( ) ( )

5 명수보다 키가 더 작은 사람에 △표 하세요.

명수
( ) ( ) ( ) (△)

6 키가 가장 큰 사람부터 차례대로 1, 2, 3을 쓰세요.

( ) (3) (2)

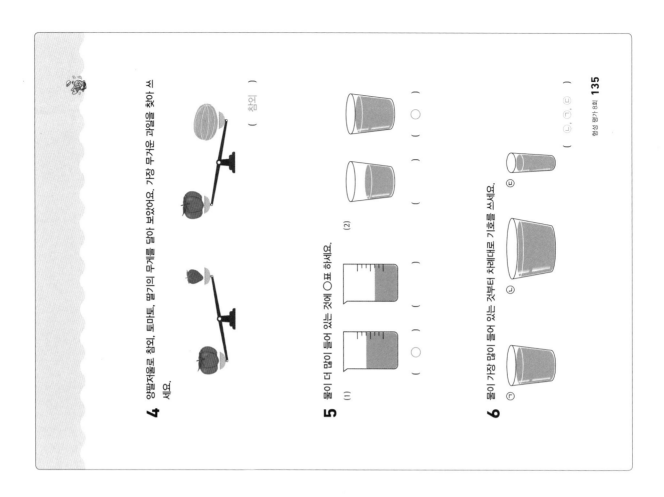

4 양팔저울로 참외, 토마토, 딸기의 무게를 달아 보았어요. 가장 무거운 과일을 찾아 쓰세요.

(참외)

5 물이 더 많이 들어 있는 것에 ○표 하세요.

(1)

(2)

6 물이 가장 많이 들어 있는 것부터 차례대로 기호를 쓰세요.

㉠ ㉡ ㉢

(㉡, ㉠, ㉢)

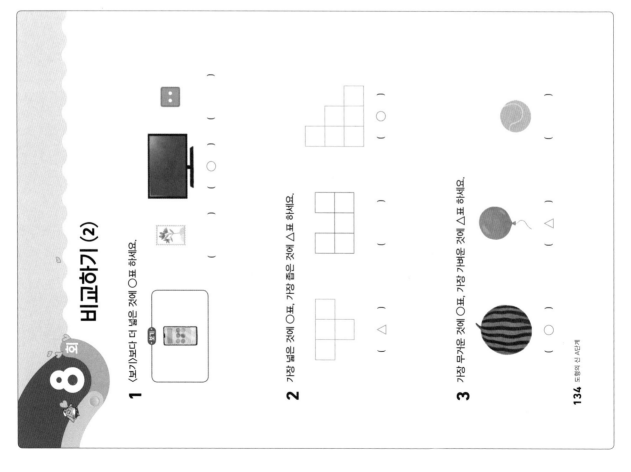

8회

비교하기 (2)

1 〈보기〉보다 더 넓은 것에 ○표 하세요.

2 가장 넓은 것에 ○표, 가장 좁은 것에 △표 하세요.

3 가장 무거운 것에 ○표, 가장 가벼운 것에 △표 하세요.